講談社選書メチエ

715

ワイン法

蛯原健介

MÉTIER

目次

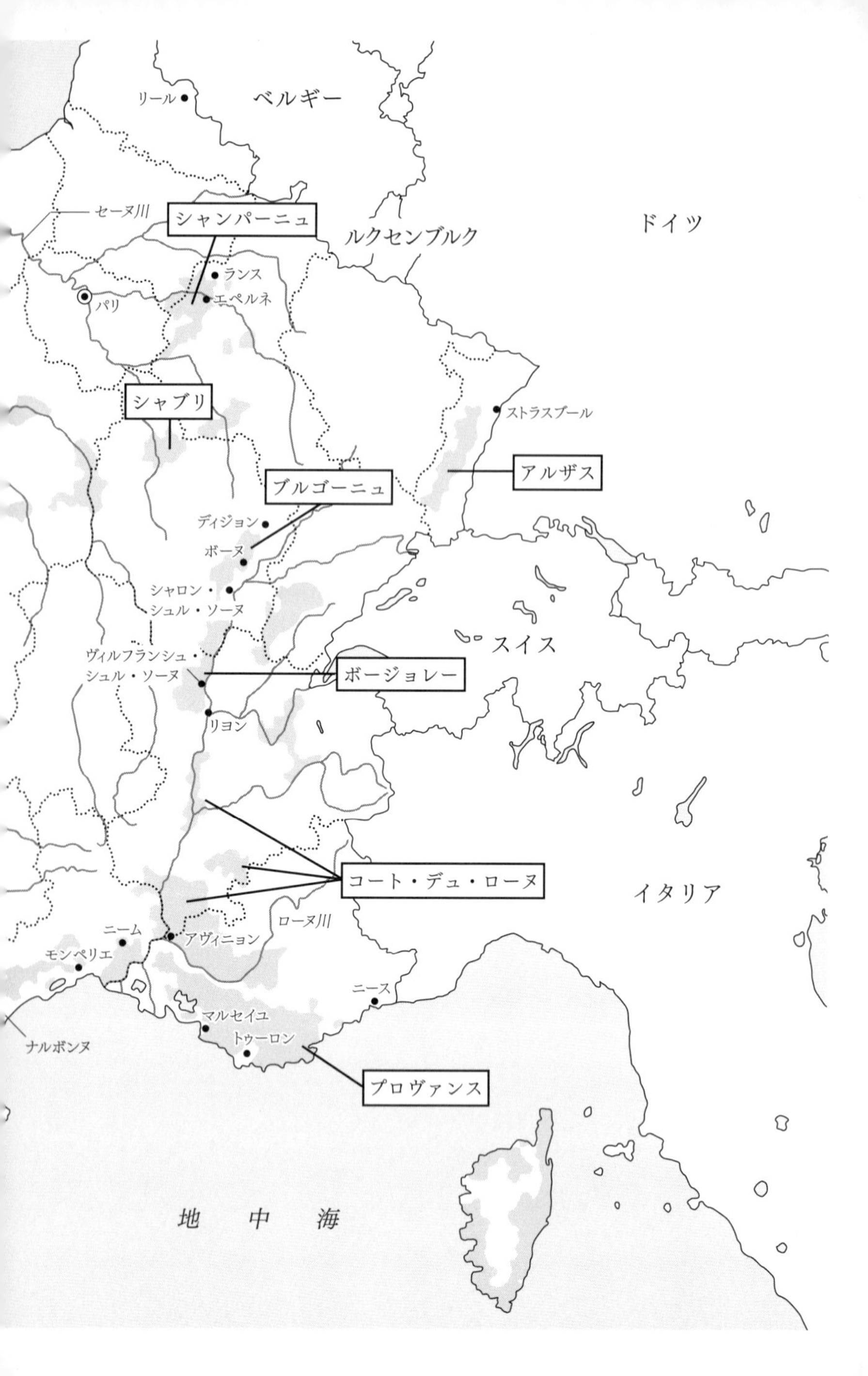

リール
ベルギー
セーヌ川
シャンパーニュ
ルクセンブルク
ドイツ
ランス
パリ
エペルネ
シャブリ
ストラスブール
アルザス
ブルゴーニュ
ディジョン
ボーヌ
シャロン・
シュル・ソーヌ
スイス
ヴィルフランシュ・
シュル・ソーヌ
ボージョレー
リヨン
コート・デュ・ローヌ
イタリア
ローヌ川
ニーム
アヴィニョン
モンペリエ
ニース
マルセイユ
トゥーロン
ナルボンヌ
プロヴァンス
地中海

…ワイン産地

ナント
ロワール川
ヴァル・ド・ロワール
ジロンド川
ボルドー
ボルドー
ドルドーニュ川
ガロンヌ川
南西地方
ガイヤック
トゥールーズ
カオール
スペイン
ラングドック・ルシヨン

プロローグ――ワイン法はなぜ生まれ、何を守るのか

ワインの不思議

ワインは難しい。ワインはよくわからない。いまなお、このようにいわれるのを、たびたび耳にすることがある。

かつてよりも、日本人にとってワインは身近な存在になってきている。だが、ふだんワインをあまり飲まない人にとっては、産地や品種、あるいはワインが醸造された年（これを一般に「ヴィンテージ」と呼んでいる）しだいで味が違うだとか、値段が何倍も違ってくるとか、理解できないことが多いだろう。

ブドウには多種多様な品種があるけれども、ワインに使われる品種はある程度限られていて、ラベルに品種名が書かれていることもある。同じ品種のブドウであれば、だいたい似たような味わいになるといわれる。

たとえば、もっともポピュラーな赤ワイン用品種のひとつである「メルロ」は、「ボリューム感と凝縮した果実味があり、舌触りはシルクのよう。カシスやブルーベリーなどのアロマが主体であり、熟成するとプルーンや皮革のようなブーケが感じられる」[1]ワインを生むとされる。

もちろん、同じメルロのワインであっても、数十年の熟成に耐えるものもあれば、比較的軽めなもの、果実味の少ないもの、あまり熟成向きではないものもあったりするが、プロのソムリエであれば、ブラインドテイスティング（ワインの情報を隠しての利き酒）で品種を当てることはできるだろ

う。

本当に二〇倍もおいしいのか

同じ品種を使ったワインでも、産地が変われば、価格も変わってくる。白ワイン用の「シャルドネ」という品種があるが、これまた大変ポピュラーな品種になっていて、世界中で栽培されている。産地による価格のばらつきが大きく、チリ産のシャルドネは、五〇〇円程度で売られているものもあるのに、フランス産では、一万円以上の値を付けるシャルドネも珍しくない。

この差は、産地や品質の違いによって説明されているのだが、本当に二〇倍もおいしいのか疑問に感じる人も少なくないだろう。安いチリワインであっても、実際に飲んでみるとけっして悪くはない。むしろ、ワインが苦手な人には、高級ワインよりもずっと飲みやすいと感じられることもある。他方で、一万円クラスのワインは、すばらしいワインばかりかというと、残念ながらそうではなくて、飲んでガッカリするワインに出会うこともある。しかし、現実のワイン市場を見てみると、何万円もするワインが飛ぶように売れているのだ。

何万円もするワインが売れるのには理由がある。ただおいしいだけではない。ブランド力のある特定の産地、特定の生産者のワインだからこそ高く売れるのである。高価なワインであればあるほど、ラベルに書いてある事項のもつ意味が重要になってくる。ラベルには、ワインの銘柄のほか、産地名、生産者名、ヴィンテージ、品種名（書いていないこともある）などが記載されてある。

それでは、大金を出して買ったワインなのに、もし記載事項に偽りがあったり、誤りが含まれていたりしたらどうだろう。あるいは、その中身が一〇〇〇円程度のワインと同一のものだとしたら……。恐ろしいことに、ある国では、ボルドー産の高級ワインのボトルが大変高価な値段で買われているという噂を耳にする。ひょっとしたら、そのボトルに違うワインが詰められて販売されているのではないかと疑ってしまう。当地の賢い消費者は、高級ワインのボトルが悪用されるのを防ぐために、飲み終わったら、そのボトルを割ってしまうという。

高価な偽物ワインをつかまされるくらいであれば、あまり背伸びしないで五〇〇円程度のワインを飲んでいたほうがきっと幸せなのだろう。だが、幸運なことに、少なくともこんにちのヨーロッパ産ワインについていえば、そのような心配をする必要はなさそうだ。消費者は、ワイン法によって守られているからである。逆に、ワイン法がなければ、誰もが安心してワインを買うことはできないし、高級ワイン市場は成り立たないといえる。

ヨーロッパにとってのワイン

いまや世界中でワインが造られていて、ワインの産地は無数にあるといってよい。けれども、高値で取り引きされているワインの多くは、フランスをはじめとするヨーロッパ産のワインである。オークションで高値がつくワインも、大半がヨーロッパ産だ。ヨーロッパは、ワインの本場であり、紀元前にまで遡るワイン造りの長い歴史がある。

ヨーロッパの文化とワインとは、切り離すことのできない深い関係にある。ヨーロッパの人びと、とくにキリスト教徒にとって、ワインは、この二〇〇〇年間、特別な飲み物であり続けた。パンは、キリストの肉体であって、ワインは、キリストの血である。聖書には、イエスがはじめて行った奇跡として、イエスが水をワインに変えたことが記されている。「カナの婚礼」の奇跡と呼ばれる出来事だ。最初の奇跡にワインが登場することの意味はきわめて重要である。

中世のヨーロッパでは、修道院がワインの大生産者であり、修道士は優れた醸造家であった。シャンパンを発明したとされる、あのドン・ペリニョンも修道僧である。キリスト教の儀式では、今も昔も、ワインやブドウが欠くことのできない重要かつ神聖なアイテムになっている。

教会だけでなく、世俗世界においても、ワインは、ヨーロッパの人びとの生活のなかで、きわめて重要な位置を占めていた。今でこそ、安心して水道水を飲める時代になり、パリのレストランでも人びとは普通に水道水を飲んでいるが、近代以前は、水を飲むことは大変危険な行為であり、下手をすると腸チフスなどに罹(かか)って死ぬこともあった。これに対して、ワインは、劣化することはあるが、水よりもはるかに安全な飲み物であった。それゆえ、ワインは生きていくための必需品とみなされていたのである。一九世紀以前のワイン消費量は、一人当たり年間一〇〇リットルを超えることも稀ではなかったという。

いずれにしても、ヨーロッパにおいて、ワインは、たんなる飲み物ではなく、ヨーロッパ文化の体現でもある。以前に比べて消費量は減っているが、それでも、ヨーロッパにはワインの本場としてのプライドがある。そして、それを支えているのは、二〇〇〇年以上にわたるワインの伝統を通して確立された産地のブランド力であり、そして、ワイン法なのである。

産地のブランドを守る

イエスは奇跡によって水をワインに変えることができたが、われわれがワインを造るためには、ブドウが必要である。ブドウが育たないところではワインは造れない。ワイン産地として名をあげるのは、質の良いワイン用ブドウが育つ場所である。

ヨーロッパのなかでも、早くからワイン産地として発展したのは、温暖で乾燥している地中海沿岸の地域である。やがて冷涼でもうまく育つ品種が使われるようになって、内陸部でもワインが造られるようになっていく。それらのワインの産地のなかで、日常用のワインの産地と高級ワインを生む産地があらわれ、後者は国内外で評価されるようになり、ブランド力を獲得するところも出てくる。ワイン産地のブランドを守る――それが、ワイン法が歴史のなかで生み出された理由のひとつである。

確立されたブランドは、そのまま放っておいたら何者かによって勝手に利用されるおそれがある。質の悪い偽物が出まわれば、せっかくの社会的評価が台無しになってしまうこともあるだろう。不正使用からワイン産地のブランドを守るために、ワイン産地を名乗るための条件を定め、これを管理するしくみが考案されることになる。これがワイン法によって確立された「原産地呼称制度」である。

産地のブランドは、いったいだれのためのものなのか。ワインを造る生産者のためのものか、ワインを飲む消費者のためのものか、あるいは、国や地方自治体のためのものなのか。原産地呼称は「集団的な権利」であるとされているが、実際には、そのブランド力の恩恵に浴するのは、まずもって原産地呼称を使う権利をもつ生産者たちであろう。ワイン産地は、地理的に画定されうるものである。既存の生産者は、新たに産地が拡大されたり、新しい生産者が参入してきたりすることをとかく嫌うものだ。それゆえ、原産地呼称制度は、従来からの生産者の既得権やエゴを維持するための制度だとして批判されることもある。

法によって守られる生産者

ワイン造りに法が介入しなければならない、もうひとつの理由がある。

ヨーロッパでは、ワインが基幹産業のひとつになっており、業界規模も大きい。フランスでは、航空機や化粧品にならんで、ワイン・蒸留酒が輸出による貿易黒字のトップスリーに位置しているほどだ。しかし、ワインは、航空機や化粧品とは違う。エアバスは、航空会社からの受注にあわせて製造機数を増やしたり、減らしたりすることができるが、ワインの場合は、市場の需要にあわせて生産量を調整することは容易ではない。

ワインの生産量の多寡は、ブドウの収穫量に依存するし、ブドウの出来はその年の天候に大きく左右される。生産過剰になれば、ワインの価格は下落し、生産者の収入は減少してしまう。悪天候、病気、害虫などの被害が広がってブドウの収穫量が減少すると、生産本数も減少し、多少は出荷価格が上昇するかもしれないが、全体的に見ると生産者の収入は減少するだろう。

かくして、自然まかせでは崩れてしまう需要と供給のバランスをとるために、公権力がワイン市場に介入することが必要になってくる。その起源は、古代ローマの時代に遡り、皇帝ドミティアヌスの勅令（九二年）によって行われたことにある。[2] そして約二〇〇〇年後の現在、同じ目的でEU法がワイン市場を統制している。

法は、一方では、不正行為から生産者を守り、他方では、ワイン市場の過酷な状況から生産者を守ってきた。しかし、後者に関しては、法が生産者を守ることで「競争が歪められている」との批判が非ヨーロッパ諸国から出てくる。ヨーロッパの生産者たちは、徐々に法による保護を取り去られ、競争力の向上を求められている。

ワイン法とは何か?

本書は、前史を含めて四〇〇年以上にわたる、フランス、ひいてはヨーロッパにおけるワインと法、制度の物語を中心としている。しばしば、フランスはワイン法の母国であるといわれるが、そもそも「ワイン法とは何か」という明確な定義があるわけではない。ワイン法は、ひとつの法分野ではあるけれども、フランスには「ワイン法」という名称をもつ単一の法律は存在しない。これまでに制定された数々の法令や、ワイン市場に関するEU法、あるいは各産地の生産基準までを含めて、便宜的に「ワイン法」と呼んでいるのである。

こんにちでは、EU法でラベル表示から醸造方法まで細かく定められているので、フランスの国内法で決めることのできる事項は限られている。とはいえ、原産地呼称制度のように、フランス法に由来する制度がEU法に取り入れられることも少なくない。

「ワイン法」とは何かということを簡単に定義するならば、「ワイン市場を規律する法規範の総体」ということになるだろう。その守備範囲は、生産調整や補助金の問題、農地、栽培、醸造、ラベル表示、原産地呼称制度、輸出・輸入、流通、消費……と幅広い。

このなかで、本書がとくに注目するのは、「ワインとは何なのか」という定義の問題、そして原産地呼称制度を含む産地表示のルールである。フランスのワイン生産者たちにとって、この二つの問題こそが、ワイン法の中心的なテーマに据えられてきた。

生産者が求めた厳格な定義

フランスでは、歴史的に見ても、現在においても、厳格なワインの定義を必要とするのは、行政でもなく消費者でもなく、生産者たちであった。かれらは、自分たちが造るワインが売れないのは、新鮮なブドウを使っていないワイン代用品が安く売られ、大量に流通しているからだと考えた。そこで、ワインを法律で定義し、新鮮なブドウを原料としていない商品の販売を禁止するよう国会に働きかけたのである。この作戦は、長い時間がかかったが、最終的には成功し、問題の商品は市場から姿を消すことになった。

消費者のなかには、安い代用品を求めていた者もいるはずである。したがって、このような立法は、明らかに生産者のために行われたといってよい。あえて日本の例を持ち出すならば、ビールと新ジャンルとの競合関係に例えることもできなくもないが、新ジャンルがビールのシェアを脅かしているからといって、ビールメーカーが新ジャンルの製造を禁止するよう国に働きかけることはない。いずれも同じメーカーが製造している商品だからである。これに対して、ワインの厳格な定義とワイン代用品の販売禁止を求めた生産者は、新鮮なブドウのみを原料とするワインだけを造っていた。ワイン代用品は、かれらの造った「真のワイン」の売り上げを妨げ、かれらの生活を圧迫する存在でしかなかったのである。

フランスで定められたワインの定義は、ＥＵ法にも取り入れられている。ＥＵ加盟国で生産されるワインは、その定義に合致したものでなければならない。また、他の国からＥＵに輸入されるワインについても同様である。

産地を名乗るための条件とは？

ワインのラベルに記載されている種々の事項のうち、もっとも重要なのは産地の表示であろう。ブドウ品種やヴィンテージについては、比較的簡単に表示基準を決めることができる。シャルドネを使えばシャルドネと表示することができ、二〇一九年に収穫・醸造されたブドウを使えば、その年号を表示することができるのは当然である。これに対して、産地表示に関しては、話は単純ではない。産地表示のルールの確立を求めたのもまた生産者であったが、表示の条件をめぐって生産者間の対立が起こることは稀ではなかった。

フランスを代表する高級ワインの産地「ブルゴーニュ」を例に考えてみよう。近年、ブルゴーニュワインの価格が上昇傾向にあり、安いものでも三〇〇〇円程度はするようだ。生産者からすれば、「ブルゴーニュ」を名乗ることができればワインを高く売ることができるし、そうでなければ、安く売るしかない。そこで、「ブルゴーニュ」を名乗れるかどうかが大問題になってくる。

では、「ブルゴーニュ」を名乗ることのできる条件とは何か？　南フランスで収穫されたブドウを持ってきて、ブルゴーニュで醸造すれば「ブルゴーニュ」と表示できるのか。それがだめなら、南隣のボージョレーのブドウを使った場合はどうか。逆に、ブルゴーニュのブドウを使って、南フランスで醸造したワインはブルゴーニュと呼んでいいのか。ブルゴーニュと南フランスのブドウの両方を使った場合はどうなのか、等々である。

問題は、産地ということだけにとどまらない。ブルゴーニュのブドウを使い、ブルゴーニュで醸造したとしても、使用するブドウの品種は何でもいいのだろうか。あるいは、熟していない、糖度の低いブドウでもいいのか。さらにいえば、飲んでみて明らかに欠陥のあるワインでも「ブルゴーニュ」を名乗ってよいのか。これらのことも争点になるであろう。

そうして、フランスでは、産地表示のルールは、地理的条件だけでなく、品質上の条件をも盛り込んだ原産地呼称制度として整備され、運用されていくことになる。原産地呼称制度と結びついた産地表示のルールは、その産地にブドウ畑をもち、その産地で醸造する生産者を法的に守る手段となった。

飲む人にとっても恩恵がある

産地表示のルールや原産地呼称制度が法制化されることは、生産者だけでなく、消費者にも恩恵がある。フランス消費者法の出発点に位置づけられているのは、ワインの原産地について規定した一九〇五年の法律である。この法律では、偽りの原産地を表示して、消費者を騙した者には刑事罰を科すと定められていた。

今では考えられないが、この法律が制定された頃は、スペイン産のバルクワイン（瓶詰めされていないワイン）がフランスに輸入され、ボルドーで瓶詰めされて、「ボルドー」の名の下に売られることもあった。こういった行為は、ボルドーの社会的評価を損なうおそれがあり、真のボルドーワインの生産者たちに損害を与えるだけでなく、消費者に誤解を与え、消費者を騙す行為でもある。

さすがにワインショップでは見なくなったが、日本でも、メニューに「シャンパン」と書いておきながら、ただのスパークリングワインを出している飲食店が残っている。牛肉、うなぎ、わかめ等々の産地偽装事件は、日常茶飯事である。原産地や品質を法的に保証する制度が導入されれば、消費者は、少々高くても、確実に保証された産品を安心して買うことができるだろう。

ワイン法は地域活性化にも力を発揮する

「メイド・イン・ジャパン」「メイド・イン・フランス」を謳(うた)っている商品であっても、その商品の原材料が中国産だということがよくある。あるいは、フランスの高級ブランドのバッグやアクセサリーが「メイド・イン・チャイナ」だったということも珍しくない。

西ヨーロッパ諸国は人件費が高い。フランスやドイツに本拠を置くメーカーは、安い労働力を求めて、工場を東ヨーロッパ諸国や発展途上国に次々と移転させている。「デロカリザシオン」と呼ばれる現象だ。このような動きは、西ヨーロッパ諸国の労働者の反発を招き、移民問題とともに、ＥＵに対する不満を増大させるひとつの原因になっている。

では、ワインはどうだろうか。フランスワインは、原料からすべてフランスで生産されたものでなければならない。ボトリングが国外で行われる場合もあるが、少なくとも醸造までフランスで行われていないと、フランスワインを名乗ることはできない。同様に、ボルドーワインも、ボルドーを中心とするジロンド県で生産されたものでなければならない。ボルドーに他所(よそ)のブドウを持ち込み、ボルドーで醸造してワインにしたとしても、ボルドーワインは名乗れないし、たとえボルドーのブドウを使っていても、他所で醸造した場合には、もはやボルドーワインと呼ぶことはできない。工業製品とは違って、ワインの産地は移動不可能なのである。ワイン産業は、すぐれて地域密着型の産業だといえよう。

ほとんど無名の村でも、もしワイン産地として高い評価を得ることができれば、ワイン愛好家の間では認知されるだろうし、うまくすれば世界的に有名になるかもしれない。愛好家のなかには、実際にワイナリーやブドウ畑を訪問しようとする者は少なくない。日本でも海外でも、ワイナリーツアーをはじめとする「エノツーリズム」が大人気となっている(「エノ」はワイン庫といった意味のギリシア語に由来するイタリア語「エノテカ」から。「ワインツーリズム」のこと)。観光産業もまた恩恵を受けるはずであり、さまざまな形で地域活性化につながる可能性がある。

大衆化するワイン市場と新世界ワイン

ワイン消費者が今ほど多くはなく、一部の愛好家に限られていた時代には、高級ワインといえば、フランスワインであった。渡辺淳一の小説とその映画化作品『失楽園』で脚光を浴びたシャトー・マルゴー、映画『タイタニック』や『プリティ・ウーマン』で印象的な小道具として登場するモエ・エ・シャンドン社のシャンパーニュ、あるいは海外でもブームとなった漫画『神の雫』(亜樹直/オキモト・シュウ）で紹介される数々のワインは、日本においてフランスワインのブランドイメージ確立に大いに貢献してきた。

ワイン法によって、フランスワインのブランドが守られ、生産者たちは保護されてきた。フランスワインのブランド力は、それに価値を認める消費者の存在が前提となることはいうまでもない。「ワインだったら何でもよい」「どのワインを飲んでも一緒」と信じてやまない消費者に、フランスワインのブランド価値をアピールしてもまったく意味がない。

フランスワインを取り巻く状況は、厳しくなる一方である。日本においても、近年、フランスワインの輸入量は伸び悩んでおり、チリワインに抜かれてしまっている。一部の高級ワインについては、根強い需要があり、値上がりしているものもあるが、ワイン消費の大衆化によって、消費者は以前ほどフランスワインにこだわらなくなってきた。ワイン市場が拡大するにつれて、フランスワイン一般のブランド力が、日本市場では、勢いを失いつつあることを意味しているのかもしれない。ワインが市民の間に広く普及し、日常的な飲み物になればなるほど、そのような傾向は加速していくであろう。

世界のワイン市場がほとんどヨーロッパ産ワインで独占されていた時代は、遠い過去のものとなり、ワイン業界で「新世界」または「ニューワールド」と呼ばれる新興生産国の台頭が目覚ましい。チリをはじめ、アメリカ、オーストラリア、ニュージーランド、南アフリカ、アルゼンチンといった国々のワインである。

新世界ワインは、フランスワインにブランド力では太刀打ちできない。しかし、新世界の国々は、厳格なワイン法をもたず、ワイン造りの自由度が高い。EU諸国のような生産調整のための栽培規制もない。広大なブドウ畑を拓き、安い労働力を使って大量に生産すれば、低コストで安価なワインを市場に供給することができる。醸造方法についても、厳しい規制はないから、ワインに人為的に樽の香りを付けて高級ワイン風に仕上げたり、赤ワインと白ワインをブレンドして簡単にロゼワインを造ったりすることだって可能である。ワインのブランドを気にかけない消費者からすれば、無理にフランスワインにこだわらなくても、安くて、そこそこおいしければ、新世界ワインで十分満足である。

「セパージュ」か「テロワール」か

新世界ワインは、産地のブランド力に頼ることができない。そこで、消費者に訴求する手段として、積極的にブドウ品種、すなわち、「セパージュ」を打ち出していく。この戦略は大成功し、無数に存在する「産地＝テロワール」でワインを選ぶよりも、「品種＝セパージュ」で選ぶほうが楽であるという考え方が広まった。しかし、ワイン法によって守られた産地のブランドでワインを売っていこうとするフランスにとって、このような考え方は、およそ受け入れられるものではない。

フランスがこれまで依拠してきたのは、ワインの本質を「テロワール」に求める考え方だった。つまり、土壌、気候、地形、標高といった自然環境要因こそがワインの品質に特徴を与えるのだという考え方であり、これこそが産地のブランドを形作る。「テロワール」といえども、その産地で伝統的に使われてきた品種でなければ産地表示が認められないのであるから、「セパージュ」と無縁ではない。しかし、「テロワール」は唯一無二であり、地域的に限定されるのに対して、「セパージュ」は産地とは無関係の概念である。「ブルゴーニュ」のワインは、ブルゴーニュでしか造れないが、ブルゴーニュの赤ワイン用品種「ピノノワール」を使ったワインは、全世界で造ることができる（ピノノワール種が栽培可能であれば）。

フランスとしても、新世界ワインの成功を黙って見ているわけにはいかず、「セパージュ」を意識したワインが出てくるようになった。有名産地に比べてブランド力が低い南仏のワインなどに、品種名を明記した商品が増えている。

このように、ワインの本質を産地ではなく、ブドウ品種に求める「セパージュ」の考え方が広まるなか、ＥＵやフランスのワイン法は、ただたんに産地ブランドを守るだけでなく、「テロワール」の考え方を世界に広め、産地ブランドの意義を消費者に伝えていく手段としての役割も担うことになる。

ワイン法から学ぶこと

フランスに比べると、日本のワイン造りの歴史は百数十年と短く、ワインが一般的に消費されるようになったのはごく最近のことである。また、ワインの消費量が増えたとはいっても、年間一人当たりたったボトル五本程度にすぎない。フランスの一〇分の一以下の消費量にとどまっているのである。日本とフランスでは、ワイン産業の重要度も大きく異なっている。

しかし、それでも、フランスのワイン法から日本が学ぶべきことはじつはたくさんある。国内でワイン産地としてブランドが確立している地域は限られているが、他の農産物や食品の分野に視野を広げてみると、日本でも多数の地域ブランドが知られている。世界的な知名度を誇る神戸ビーフや夕張メロンをはじめ、枚挙にいとまがない。産地のブランドをいかに確立し、法的に保護していくかという問題は、日本にとっても大きな課題である。

日本でも、産地ブランドを法的に保護する法律が制定された。いわゆる地理的表示法（特定農林水産物等の名称の保護に関する法律）である。じつは、この「地理的表示」（英語では「Geographical Indication」。略して「GI」と呼ばれる）という概念は、フランスのワイン法の根幹をなす原産地呼称制度に由来する。日本の地理的表示法も、EUの地理的表示制度に倣ってつくられており、その意味では、フランスのワイン法のいわば根幹部分が日本に「輸入」されたといえるかもしれない。

「テロワール」を重視するフランスのワイン法の発想は、日本の農業の将来を考えるにあたって、大いに示唆に富むはずである。これまで日本の農業を守ってきた保護主義的な関税や政策は、国際的な圧力の下で、撤廃を余儀なくされている。他方で、日本のブランド力ある農産物は、中国や東南アジアに輸出され、高値で取り引きされているという。その産地でしか生産することのできない、特色ある産品の存在が、これからの日本の農業を救うことになるかもしれない。

フランスやEUのワイン法、そしてその歴史的背景を学ぶことを通じて、日本のワイン産業、さらには日本の農業の可能性について考える材料を提供することもできれば、筆者としてこれにまさる喜びはない。

第1章

「本物」を守る戦い

原産地呼称制度の萌芽

1　フランス革命とワインの自由化

アンシャン・レジーム下の流通規制

　こんにち、フランスをはじめとするEU諸国では、EU法や国内のワイン法によって、ワインの生産や流通が厳しく規制されている。大革命以前のフランス、つまりアンシャン・レジームといわれる時代においても、ワインの生産は、ギルド等の職業団体の統制下に置かれていたし、ワインの流通や販売は厳しく制限されていた。そうした規制には、既存の業者を守るものもあれば、逆に生産者を苦しめるものもあった。

　ワインの流通に対する規制としてよく知られているのは、一五七七年にパリの最高法院が出した「二〇リュ規制」である。最高法院というのは、その地域において最上級審に位置していた裁判所のことで、最上級審でありながらも、フランス国内に複数存在していたので、高等法院と訳されることもある。

　その最高法院が出した二〇リュ規制とは、パリ近郊の二〇リュ（約八八キロメートル）以内の地域で生産されたワインをパリ市内で販売することを禁止するというものであった。

　この措置のねらいは何だったのか。生産者の保護を目的としたものでないことは明らかである。人口の集中する首都パリは、今も昔もワインの大消費地である。この二〇リュ規制が出されたことで、パリ近郊のワイン生産者は、首都での販路を断たれ、その顧客の大半を失ってしまった。近郊で造られるワインの質が悪いから、というのが規制導入の表向きの理由だったが、実質は密輸の規制をねらったものだといわれている。

ワインの密輸が行われていたのには理由がある。以前、フランスから日本に輸入されるワインにはボトル一本につき、数十円の関税がかけられていたが、その程度の関税を逃れるために、わざわざ関税法違反で逮捕されるリスクを負ってまでワインを密輸しようとする者はいないであろう。しかし、当時のフランスはそうではなかった。フランス国内で造られたワインをパリ市内に持ち込むには、法外な額の税金を払わなければならなかったのである（この税金、すなわち「入市税」については、後に詳しく述べることにしよう）。

パリに入ってくるワインは、近場からは陸路で、遠方からは主に船で運ばれてきた。陸路で運ばれる場合には税金を取り損なうこともあったので、税金を確実に徴収するには、ワインの輸送ルートを水路に限定するほうがよかったのである。そこで、陸路で運ばれてくる近場の産地のワインの搬入を禁止したということだ。

二〇リユ規制の結果、パリ近郊地域からブドウ畑が消えていくこととなった。現代のパリ近郊にブドウ畑がほとんど見当たらないのは、この規制の影響なのかもしれない。

旧来の生産者を保護する栽培規制

絶対王政期には、宮廷で使われるフランスワインはブランド力を獲得し、ワイン産業の重要性は王権も認めるところとなっていた。ブルボン王朝の最盛期、ルイ一四世治世下の財務総監であったコルベール［一六一九～一六八三］は、ワインこそが「臣下の安寧と利益となる現金収入を王国にもたらすもの」[3]であると述べている。

　イギリスやオランダでは、ワインの国内生産量は微々たるもので、輸入ワインに頼るほかない。こうした国々に向けた輸出が奨励される一方で、フランス国内では、ワインの生産量を抑えようという動きもみられた。ブドウ畑が拡大していくことでワインの生産が過剰になり、価格が下落することを旧来の生産者たちが懸念したからである。

　一八世紀前半になると、フランスのいくつかの地域で、ブドウの新規植え付け禁止令が出された。一七二五年にボルドーで禁止令が出されたとき、これを激しく批判したのが、『法の精神』の著者、モンテスキューであった。ボルドーの最高法院の院長や市長を務めるかたわら、広大なブドウ畑を所有し、ブドウ栽培を手がけていたモンテスキューは、ボルドーのグラーヴ地区にあるシャトー・オー・ブリオン（一八五五年の格付けにおける第一級シャトー）の近くの荒れ地をブドウ畑にする予定で買っていた。それが、植え付けの直前になってこの禁止令が出されたのである。モンテスキューは、この禁止令を批判し、その土地にブドウを植え付ければ六〇〇〇倍以上の価値を生むことになると主張したのであるが[4]、かれの抗議にもかかわらず、植え付け禁止令はボルドーばかりか、やがてフランス全土に拡大されていった。

　ところが、一七五九年になって、国務諮問会議は、「土地の所有者はその用途や使用法に関して何の妨害も受けるべきではない」とする方針に転換。禁止令は空文化することとなった[5]。モンテスキューは、ブドウ栽培の自由化を待つことなく、一七五五年に死去したが、結果的には、かれの主張が受け入れられる形になったのである。植え付け禁止令が破棄されると、たちまちフランスのブドウ畑の面積は激増することとなった。

このようなブドウ栽培の規制は、生産者を守るものであったのか、あるいは、生産者を苦しめるものであったのか。以前からワインを造っていた生産者にとって、この規制は、新たな競争相手が登場したり、生産過剰になってワインの価格が下落したりするのを阻止するものであるから、当然、歓迎されることになる。他方で、これから畑を拡張しようとする生産者、あるいは、新規参入者の立場からすれば、栽培が制限されてしまうと、その事業の遂行が不可能になってしまう。モンテスキューがまさにそうであった。

革命前夜にみられた自由化の契機

リヨン第二大学教授の歴史家ジルベール・ガリエによれば、一八世紀末のフランス都市部の成人男性は、一人で一日ほぼ一リットルのワインを飲んでいた計算になるという[6]。年間三六〇リットル以上である。こんにちのフランス人の年間ワイン消費量が、一人当たり五〇リットル程度であることを考えると、当時の消費量がいかに多かったかがわかる。すでに述べたように、当時は、水よりもワインのほうがはるかに安全な飲み物であり、ワインが生活必需品のひとつとなっていたからである。

ワインの流通に対して課された厳しい規制は、とりわけ都市部の消費者たちを苦しめていたが、アンシャン・レジーム末期になって、その規制の一部は撤廃された。なかでも、一七七六年のチュルゴの勅令は、その後の自由化への契機となった点で重要である。

チュルゴは、ルイ一六世の下で財務総監を務め、財政再建のための改革を試みながらも失脚した政治家として知られている。重農主義経済学者であったかれは、一七七四年に財務総監になると、封建的な規制や特権の廃止を打ち出した。これらが自由な経済活動の妨げになっていると考えたのである。ギルドの廃止や穀物の取引の自由化といった自由主義的な改革の一環として、ワインの取引の自由化も試みられることになった。

チュルゴの進めた自由化によって、パリの「二〇リュ規制」が廃止され、また、英仏百年戦争以降ボルドーの優越的地位を支えてきた、ガロンヌ川上流のワインの出荷規制も廃止された。ワイン市場における自由放任主義の時代の幕開けである。

税金への不満

ワインの流通が自由化されて、人びとは、たやすくワインを飲むことができるようになったであろうか。実際には、規制が撤廃されても、ワインには相変わらず高額の税や輸送料が課されたままだった。結局のところ、ワインを生活必需品としていた都市部の民衆は、相変わらず高止まりした価格に悩まされ続けたのである。

輸送料高騰の原因も税であった。ワインは産地から消費地へ移動する。その間、ワインが通行税徴収所を通過するたびに通行税を払わなければならなかったからだ。たとえば、地中海に近いローヌ川下流のアルルからリヨンまでの間には、六〇ヵ所もの通行税徴収所があったという[7]。

数々の税金のなかで、とくに人びととの不満が甚だしかったのは、パリに持ち込まれるワインに課される「入市税」である。

中世以来、ワインのみならず都市に持ち込まれる消費財には、入市税が課されてきた。パリをはじめとするフランスの都市は、城壁で囲われており、市門には入市税の徴収所が設けられ、税を支払わなければ消費財を持ち込めないようになっていたのである。河川を用いて持ち込む場合にも、指定された場所で陸揚げしなければならず、そこで入市税が徴収された。

とりわけ、パリの入市税は、他の都市に比べてかなり高額であった。当時、通常は市民ひとりひとりに課せられる人頭税がないかわりに、入市税が市の財源となっていたからである。そのため、パリに住む人びとは、安いワインを求めてパリの城壁の外に出て行くことになった。こうして、市門の外には、入市税が課税されていないワインを飲める場所が誕生する。「ガンゲット」と呼ばれる居酒屋である。

入市税を免れるもうひとつの方法は密輸である。地下に管を設け、城壁の外からパリ市内の建物に向けてワインを流したり、あるいは、球の中にワインを詰めて、それを壁の内側に投げ込む者もいたという。

しかも、入市税は、ワインの価格に対して一定の割合を課す従価課税ではなく、数量に応じて一定の金額を課す従量課税という方式がとられていたことが、さらに庶民を苦しめた。この課税方式では、価格が安いほど税金の比重が増えるため、とりわけ並酒に不利だからである。安物のワインでは、価格は二〜三倍に跳ね上がってしまった。たとえば、マコネの「上物の並ワイン」の価格は二倍に、オルレアンやオセールの平凡なワインの価格は三倍になったという。ある旅人は、「市門の外のワインの値段は取るに足りない。しかし、ひとたび門を越えるや、それは飲む黄金に変貌する。パリでは、ほんのわずかな量に田舎の小樽一つ分以上の値がついている」と伝えている。[8]

消費者の怒りと大革命

一七八九年夏、大革命勃発の導火線となったのは、実のところ、ワイン消費者の怒りであった。増える一方の財政支出を賄うために、パリ入市税の税率が上げられただけでなく、街を取り囲む市門や壁の位置が次々と外側にずらされ、それまでは市外だった区域もその内側に取り込まれた。パリの市門の外に軒を連ねていたガンゲットが市域に組み込まれ、そこで消費されるワインも入市税の課税対象となったのである。

現在のパリ・サンラザール駅周辺のポローニュやポルシュロンといった地区は、もともとガンゲット街であったが、その外側に新たに長さ二三キロメートルに及ぶ壁が建造され、市域に含まれることとなった。この壁は、民衆の怒りを招き、「徴税請負人の壁」と呼ばれた。

入市税に対する民衆の怒りの矛先は、徴税所員に向けられた。一七八九年七月一一日以降、パリを取り巻く市門が次々と放火され、大量のワイン樽が市内に運び込まれた。人びとにワインが提供され、それを飲んだ民衆は、七月一四日にバスティーユ監獄へと向かっていったという。

人頭税が存在していたリヨンでも、入市税が課されていた。夏になってワインが不足すると、消費者の不満は、やはり徴税請負人に向けられた。一七八六年七月にはリヨン周辺の入市税徴収所が襲撃され、押収されていたワインの樽が奪われる事件が発生している。

リヨンでは、民衆のほか、生産者も市門の襲撃に加わった。生産者もまた、ワインに課される過重な税に不満をもっていたのである。

自由放任主義とその帰結

市民革命を経た一九世紀は、自由放任主義の時代である。ワイン生産についても一気に自由化が進められ、そして、その矛盾や弊害が噴出した。

大革命以降のワイン生産やワイン市場の自由化は、フランスの生産者に何をもたらしたのであろう

徴税請負人の壁（Mur des Fermiers généraux）の建設により設けられた市門のうち、シャルトル関税徴収所（上）やアンフェール関税徴収所（下）が現在も残されている

か。旧体制時代の規制のなかには、見方次第ではワイン生産者を保護する機能をはたすものも存在していた。規制が撤廃され、ワイン生産が自由化されると、ブドウ畑は拡大し、生産量もどんどん増えていく。場合によっては、生産過剰となり、ワインの価格下落を引き起こす可能性もある。ブドウ栽培面積は、一六世紀半ばは一〇〇万ヘクタール程度であったが、大革命直前には一五〇万ヘクタール、そして一九世紀に入ると二〇〇万ヘクタールにまで拡大したという。[9]

ブドウ栽培農家は、質よりも量を優先させた。高級ワイン用の品種ではなく、高収量で多産な品種が好んで植え付けられ、なかでもガメという品種が人気を集めた。

イギリスのワイン評論家ヒュー・ジョンソンは、ガメ種について、高級品種であるピノノワールと比較して、以下のような特徴を指摘している。[10]

ガメ種はピノ種より二週間早く熟す。それに大変頑健で確実である。そして支えるのに棚がいるほどたくさんの実をつける。一本のガメ種の木は、一本のピノ種の四倍のワインをつくり出し、おまけに色が濃く、アルコール分が強い。

ピノノワールは、ブルゴーニュの高級赤ワインを生む品種である。しかし、その栽培は容易ではなく、収穫量も少ない。ブルゴーニュでは、過去にもピノからガメへの植え替えが相次ぎ、一四世紀末には、これに危機感を抱いたブルゴーニュ公がガメの引き抜きを命じたこともある。

ガメが栽培農家に好まれたのは、多産であることに加え、病害虫に強いことも理由であった。ヒュー・ジョンソンが指摘しているように、収穫時期が早ければ、悪天候や病害虫のリスクも軽減される。こうして、ブルゴーニュを含め、パリからリヨンにいたるまで、ガメの畑が広がっていった。

栽培の自由化に乗じて、北米からフランスにブドウが持ち込まれることもあった。もちろん、フランスの品種ではなく、アメリカ系のブドウ品種である。しかし、ブドウの苗木だけでなく、フランスのワイン生産者に大打撃を与える致命的な災禍もまた北米からもたらされたのである。

2　黄金時代の到来

害虫や病気との戦い

ワインの生産量は、栽培面積の拡大にともない、一九世紀を通じて全体的には増加傾向にあった。しかし、害虫や病気によって生産量が激減することもたびたびあった。一九世紀後半に到来する「黄金時代」と呼ばれる時代に先立って起こった、フランスの生産者たちを苦しめた二つの出来事に触れておこう。

一八三〇年代前後、ブルゴーニュやローヌのブドウ畑で、メイガという蛾の幼虫（毛虫）の被害が広がった。メイガは、コメなどの穀物をはじめ広範な作物に湧く害虫で、このときはブドウに大きな被害をもたらした。ある統計によると、一八二八年に四七四〇万ヘクトリットルあったワイン生産量が、一八三五年は三三三〇万、そして一八三八年は三〇五〇万ヘクトリットルにまで落ち込んだ。その後、冬期にブドウ樹の幹に熱湯をかけるというメイガ駆除策が効果的であると判明し、これによって、一八四〇年には、生産量が五七一〇万ヘクトリットルにまで回復している。[11]

一八四九年頃からは、今度は、ウドンコ病（オイディウム）がフランスのブドウ畑を襲った。ウドンコ病は、北米が起源とされる病気であり、五月上旬から一〇月にかけて、新梢、若葉、花穂、果粒にカビが繁殖し、果粒は硬く「石ブドウ」といわれる状態になる。アメリカ系の品種に比べると、欧州系の品種はウドンコ病に対する抵抗力が弱く、罹病すれば甚大な被害をもたらすこととなる。

ウドンコ病による被害はメイガ以上に深刻なものとなり、一八五四年の生産量は一一〇〇万ヘクトリットルにとどまった。ここまで生産量が落ち込むことは歴史上きわめて稀であり、過去二〇〇年間で最低となった。しかし、ウドンコ病の防除方法として、ブドウ樹に硫黄剤を散布すればよいことがわかり、この方法が普及することによって、ブドウの収穫量は回復した。

フランスの生産者たちは、この二つの災禍を克服し、いよいよ黄金時代を迎えることになる。

一八七五年の大豊作と南仏の躍進

前節でも参照した歴史家ジルベール・ガリエは、著書『ワインの文化史』において、ウドンコ病の被害から生産量が回復してゆく一八五四年から一八七五年までを、フランスにおける「ブドウ畑の黄金時代」と称している。[12]第三共和制がはじまって間もない一八七五年、フランスでは、ブドウが大豊作となった。約八四五〇万ヘクトリットルもの年間生産量を記録したのである。こんにちのおよそ二倍に相当する、膨大な量である。ブドウ畑の面積も、その前年の一八七四年には、現在の三倍に相当する二五〇万ヘクタールもあったという。[13]

フランスワインの黄金時代は、規制の撤廃と自由化のたまものである。しかし、ワイン生産量や栽培面積の増加は、供給過剰を促し、場合によっては価格の下落を引き起こすおそれもある。旧体制時代であれば、栽培規制によって生産調整がはかられることもあったが、自由化の流れのなかにあって、もはやワインの増産にブレーキをかけるものはない。にもかかわらず、需要と供給のバランスが崩れることはなかった。旺盛なワイン消費によって支えられていたのである。

一九世紀半ば、フランスではワイン消費量が大幅に増加した。都市人口が増加したこと、労働者の購買力が高まったこと、それまでワイン消費量が比較的少なかった農村部でもワインが飲まれるようになったことがその原因である。

産業革命とともに鉄道網が整備されたこともまた、ワイン市場の拡大に貢献した。鉄道によってワインを速く大量に輸送することが可能になったのである。なかでも、鉄道開通の恩恵に浴し、繁栄を謳歌したのは、それまで大消費地から離れていた南仏ラングドック地方の生産者たちである。一八三九年に、ラングドックの中心都市モンペリエと、地中海に面した港町セットが鉄道で結ばれ、さらに一八五二年には、ついにパリまで鉄道で結ばれることとなり、大消費地に向けた大量輸送が容易になった。セットとトゥールーズも一八五七年に鉄道で結ばれた。[14]

鉄道の開通は、輸送のコストを大幅に下げる効果を生み、生産者のみならず、消費者にも恩恵をもたらした。ジャン＝フランソワ・ゴーティエによれば、モンペリエ〜リヨン間の輸送費は、およそ七分の一にまで下がったという。[15]

産業革命は、イギリスやフランスのみならずヨーロッパ各地で進展し、各国で鉄道網が整備されていった。これによって、フランスワインをベルギーやドイツなどに輸出することが、物理的に容易になっていく。

生産者たちは、需要の増加に応えるべく、より多くのワインを造ろうとした。自由放任主義の下、何ら規制を受けることなくブドウ畑が拓かれ、畑には、大量生産を可能にする高収量の品種が植えられた。

地域別で見ると、やはり南仏ラングドックにおいて栽培面積が顕著に増加していた。一八三八年には、ラングドックのエロー県におけるブドウ栽培面積は一〇万ヘクタールあまりで、ボルドーを擁するジロンド県よりも少なかった。ところが、一八九九年になると、エロー県の栽培面積は、ジロンド県を追い抜いて約一七万九〇〇〇ヘクタールにまで増えている。同じラングドックのオード県も、ジロンド県を上まわる約一三万一〇〇〇ヘクタールであった[16]。

栽培面積が増えれば、当然、ワイン生産量も増える。ラングドック・ルシヨン地方では、一八五〇年代には約五〇〇万ヘクトリットルだった生産量が、一八七〇年代には、その三倍となる約一五〇〇万ヘクトリットルに増加。フランス国内における生産量の三割近くを占めるまでになった。

こうしてラングドックは、「フランスのワイン工場」へと発展していったのであるが、しかし、ブランド力ではボルドー、ブルゴーニュ、シャンパーニュといった有名産地には遠く及ばない。そのため、ラングドックの生産者たちは、ひとたび需要と供給のバランスが崩れ、生産過剰が露呈すると、もっとも深刻な影響を受ける運命にあった。

一八五五年の格付け――「ボルドー」ブランドの確立

黄金時代は、ボルドーやブルゴーニュといった有名産地にも訪れた。ヒュー・ジョンソンは、一九世紀半ばの時期が「ボルドーとブルゴーニュにおけるブドウ栽培ならびにワイン醸造の黄金時代」であったとしている。[17] ここでは、とくにボルドーワインのブランド確立の経緯を追っていこう。

一九世紀半ばのフランスは、第二共和制から第二帝政に移行する時期にあたる。一八五一年一二月二日、ナポレオン・ボナパルトの甥にあたるルイ・ナポレオンがクーデタを起こし、翌年の国民投票で皇帝に即位してナポレオン三世を名乗ることとなった。第二帝政のはじまりである。

第二帝政は、ボルドーでその樹立が宣言された。ルイ・ナポレオンは、一八五二年一〇月、ボルドー商工会議所のレセプションで、「帝政、それは平和」と語り、ナポレオン帝政の再興を宣言。有名なボルドーワインの「格付け」も、ほかならぬナポレオン三世の命によって行われたものである。

だが、ボルドーの繁栄は第二帝政期にはじまったことではない。遡ること一二世紀半ば、ボルドーが英国領となって以来、英国王に厚遇され、数世紀にわたって「ボルドー特権」が認められていたのである。この特権により、ボルドーは、ガロンヌ川上流のワイン産地の販売を妨げる措置をとるなどして、海外市場で独占的な地位を確保する。英仏百年戦争後にフランス領に戻ってからもこの特権は維持され、ワインの名産地として繁栄を享受してきた。

ナポレオン三世は、一八五一年の英国ロンドンの万国博覧会の成功に刺激を受け、パリにおいて一八五五年に万国博覧会を開催することを決定。万博の開催は、皇帝肝いりの国家事業として着手され、帝政の新機軸という位置づけが与えられた。[18] パリ万博では農業分野も展示対象に含まれることになり、万博への出品にあたって、ボルドーワインを「格付け」することになったのである。

ボルドーにはさまざまな銘柄のワインが存在するが、それらのワインを「ジロンド県を代表するワイン」としてひとつのカテゴリにまとめること、そして、それらのワインを序列化し、その価値体系を目に見える形で消費者に提示することが、格付けの目的であった。[19] さらには、ボルドーこそが世界の頂点に立つ最高品質のワインである、というブランドイメージを確立し、付加価値を高めようというねらいもあった。

一八五五年四月、ボルドー商工会議所は、仲買人組合に格付け表の作成を依頼。わずか二週間で原案が作成された。もっとも、商工会議所は、仲買人組合に対して、赤ワインを五等級に分類し、どの村で産出されたものかを明示することを指示しており、商工会議所側が格付けの基本的方針を提示していたと考えられている。[20]

仲買人(クルティエ)とは、政府公認の仲介業者であり、一九世紀のボルドーには七〇人程度いたといわれる。政府認可の下、ワインの品質を鑑定し、実際の取引価格を決定する仲買人たちは、シャトーの経営者とワイン商(ネゴシアン)を媒介する存在として、ワイン流通の鍵をにぎっていた。商工会議所の格付けの構想は、仲買人の代表からなる仲買人組合によって文書化され、それによって、格付けの基本方針に具体性と正統性が付与される形になったのである。

わずか二週間で作成された格付けであり、限られた時間でしかるべき調査が行われたかどうかは疑わしいが、この格付けが一六〇年以上の歳月を経たこんにちでもなお、世界のワイン市場において絶対的な権威を有している。そしてこの格付けこそ、ボルドーというブランドを世界に広め、一定のブランドイメージを創出し発信した、先駆的事例であると評されている。[21]

とりわけ有名なのは赤ワインの格付けで、「シャトー・ラフィット・ロートシルト」「シャトー・ラトゥール」「シャトー・マルゴー」「シャトー・オー・ブリオン」の四銘柄が第一級とされ、第二級から第五級までは合計五八銘柄が格付けされた（その後、分割や吸収により六一銘柄となっている）。このほか、ソーテルヌ・バルサック地区の甘口白ワインの格付けも行われた。

これらの格付けはこんにちまでほぼ不変であり、一八五六年に「シャトー・カントメルル」が五級に追加され、一九七三年に「シャトー・ムートン・ロートシルト」が二級から一級に昇格するといった、わずかな変更がなされた程度である。制定当初は、格付けに公的な性格を認めつつ、時代とともに変更されるべき性格のものであるという見解も存在していた。[22] しかし結局のところ、この格付けがボルドーの特定のシャトーの生産者に、「格付けシャトー」という半永久的な特権的地位を与えることとなったのである。

一八六〇年の英仏通商条約

黄金時代を象徴する出来事として、一八六〇年に締結された英仏通商条約も重要である。

即位当初、ナポレオン三世は権威帝政と呼ばれる強権的な統治を行ったが、やがて自由主義運動が次第に高揚してきたこともあって、自由主義的な改革を試みるようになる。英仏通商条約が締結されたのは、ナポレオン三世が権威帝政から自由帝政に方針を転換したとされる年である。議会に質問権を与えたり、労働者の団結権を認めたり、集会法や出版法を緩和したりといった措置がとられた。

英仏通商条約は、「コブデン・シュヴァリエ条約」と呼ばれるように、イギリスのリチャード・コブデンとフランスのミシェル・シュヴァリエが一八五九年から秘密裏に交渉して締結された条約である。イギリスは、保護貿易主義の核心であった穀物法を一八四六年に廃止し、自由貿易を推進して世界貿易の拡大による経済成長をめざしていた。しかしながら、外国が保護貿易措置をとっている限り、イギリスが貿易によって得ることのできる利益には限界があった。そこで、イギリスは、重要な貿易相手国であるフランスに対し、関税の大幅な引き下げや、輸入禁止措置の撤廃を要求したのである。

それが第一帝政以来の保護貿易主義政策の転換を迫るものであったにもかかわらず、フランスがイギリスの要求を受け入れたのは、フランスのイタリア統一戦争への介入によって悪化していた英仏関係を改善したいという思惑があったのと、ナポレオン三世自身がサン゠シモン主義の影響を受けて、フランス産業の近代化をはかるためには、保護貿易から自由貿易に転換することが必要であると考えていたからである。

フランスの国内産業（製鉄業や綿工業）の反対を押し切って結ばれた条約は、ナポレオン三世による「新たなクーデタ」ともいわれた。条約締結以前の保護貿易主義政策の時代、イギリスではフランスワインにことに高額な関税が課されていたため、人びとは、ポルトガルのポートワインやスペインのシェリーを飲んでいた。しかし、この条約により、フランスワインに課される関税は大幅に引き下げられ、イギリスに入るフランスワインの関税は、一八一五年の二〇分の一になり、一八六〇年から七三年までの間に、イギリスにおけるフランスワインの輸入量は八倍も増加したという。[23]

黄金時代を支えた輸送技術の革新

フランスワインは、ヨーロッパ各国に輸出されるだけでなく、大西洋を渡って北米や南米にも輸出された。合衆国は、ボルドーワインの重要な輸出先であったが、一八六一年に南北戦争が勃発。さらに、保護貿易主義の傾向が強まったため、合衆国向け輸出量は落ち込んだ。かわりに、一八六〇年代以降はアルゼンチンがボルドーワインの顧客となった。[24]当時の南米は、まだワインの大産地にはなっておらず、ヨーロッパからの入植者たちはボルドーのワインを輸入して飲んでいたのである。ボルドーの名声は、フランス国内、ヨーロッパのみならず、世界に聞こえていた。その名声を支えていたのは、表示と品質の信頼性であった。

近隣諸国への輸出とは異なり、遠隔地への輸出は、輸送中にワインが劣化するリスクが大きい。現在では、劣化を防ぐために、内部温度を一定に保つことのできる定温コンテナ（リーファーコンテナ）を使ってワインが輸送されているが、一九世紀にはそのような技術はまだない。一八六三年には、各地へ輸出されたフランス産銘醸ワインが、届いた時には劣化していて飲めない状態になる事件が相次いで発生した。推定五二〇万キロリットル、額にしておよそ五億フランもの損害が生じたという。

ナポレオン三世は、フランスワインの信頼を揺るがす事態の解決を求めた。その解決策を見出したのは、当時はまだ無名の若き研究者ルイ・パストゥールであった。かれは、ワイン劣化の原因がバクテリアにあることを突き止め、ワインの品質を損なうことなくバクテリアを殺菌する新たな殺菌処理法を考案。これが「パストゥール法」と呼ばれる低温殺菌法である。[25] この方法は、のちに牛乳の殺菌にも応用されており、低温殺菌法による「パスチャライズド牛乳」は、パストゥールの名に由来するものである。

フランスワインの輸出は昔から行われてきたのに、なぜ一九世紀半ばになって急に深刻な劣化が相次いで表面化したのであろうか。その原因は、前述のウドンコ病であった。ちょうどこの時期にはフランスのブドウ畑でウドンコ病が蔓延しており、病気で弱っていたブドウから造られたワインは、ことのほかバクテリアに冒されやすい状態になっていたのである。

忍び寄る影

黄金期のワイン生産量を支えたのは、ブドウ栽培の自由化によって、新たに植え付けられた多産品種である。鉄道網の整備によって「フランスのワイン工場」となった南仏のラングドックやプロヴァンスでは、ウドンコ病やベト病に強いアラモンという品種が好んで栽培された。しかし、アラモンでワインを造ると、風味が軽くなるという欠点があったため、そのワインにはアルコールが添加された。このような製法は、自然なワイン造りの伝統に反するものであるとして、たびたび批判にさらされた。[26]

一九世紀のワイン造りでは、ひたすら量産が追求されたため、平均的品質の低下を招いた。ブルゴーニュのような高級ワインの産地でも、質より量が重視され、多産品種の栽培面積が増えていった。さらに悪いことに、中世以来蓄積されてきた醸造技術は、フランス革命期の修道院解体のあおりをうけて、蔑ろにされる傾向にあった。

　フランスワインの黄金時代は、長く続くことはなかった。市場は隆盛をきわめたかに見えるが、ひそかに危機が迫りつつあった。その危機は、ブランド力の弱い産地や、質よりも量に走っていった生産者を直撃することとなる。

3　「本物のワイン」を守る戦い

フィロキセラ禍とワイン不足

　フランスのワイン市場を揺るがす未曾有の危機は北米からやってきた。

　かつて合衆国第三代大統領トマス・ジェファソンは、ヨーロッパからブドウの挿し木を輸入し、かれの農園で栽培しようとしたが、ことごとく失敗した。アメリカの土着のブドウは豊かに実るのに、ヨーロッパから取り寄せたブドウは枯死してしまうのである。それはなぜなのか。

　原因は、フィロキセラという害虫であった。フィロキセラはブドウネアブラムシともいい、その名のとおり、ブドウ樹の根に寄生して、樹液を吸い取り、数年で枯死させてしまう。北米原産のブドウはフィロキセラに対する抵抗力をもっていたが、ヨーロッパ系の品種はそうではなかった。

　フランスでフィロキセラの被害が最初に確認されたのは、一八六三年頃であった。生産量の増大を目論んで、苗木屋がアメリカから持ち込んだブドウ樹の根にフィロキセラが付着していたようである。この害虫は、やがてヨーロッパ全域のブドウ畑に広がっていく。[27]

一八六八年、モンペリエ大学教授のジュール・エミール・プランションがこの害虫を特定し、フィロキセラと命名された。「フィロ」とはギリシア語で「葉状」、「キセラ」は「乾いた」という意味であり、フィロキセラが葉を乾燥させるのがその名の由来である。[28]

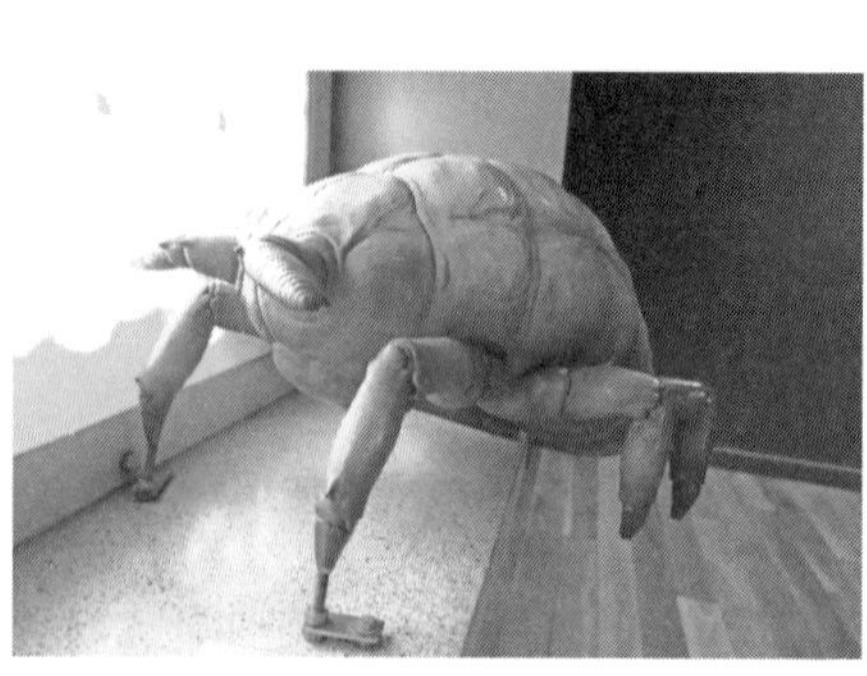

フィロキセラの模型　実際の大きさは1㎜程度である

これ以前にも病気や害虫がフランスのブドウ畑を次々と襲ったことは前述したが、フィロキセラの被害は、過去の病虫害よりはるかに深刻であった。というのも、メイガやウドンコ病の場合、その年の収穫がだめになるだけであったが、フィロキセラはブドウ樹そのものを枯死させてしまう。その被害はけたはずれに甚大で、ブドウ栽培そのものの存続に関わる恐るべき危機をもたらした。

この当時、フランスのワイン消費量は年間四〇〇〇万ヘクトリットル程度で推移していた。フィロキセラ以前のフランスでは、消費量を十分に上まわる量のワインが生産されていたが、フィロキセラの被害が拡大すると、たちまちワインの生産量は激減。フランスはワイン不足に陥ることとなった。一八七九年以降、第三共和制は全盛期というべき時代を迎えるが、ワイン生産量は三〇〇〇万ヘクトリットルを切ってしまい、加えてベト病も発生した一八八九年には、二三四〇万ヘクトリットルにまで落ち込んだ[29]。年間生産量約八四五〇万ヘクトリットルを記録した一八七五年の三分の一以下にまで減ってしまったことになる。しかも、ワイン生産者を苦しめたのは、フィロキセラだけではなかった。

真の厄難――輸入ワインと模造品の横行

フィロキセラの蔓延はフランスのワイン生産に壊滅的なダメージを与え、市場は大混乱となる。しかし、それにもかかわらず、「フランスの消費者はワイン不足を一向に感じなかったし、小売価格が上がることもなかった」と、ガリエは述べている[30]。それはなぜなのか。理由は二つある。

ひとつは、国外から怒濤のごとくフランスに入ってきた輸入ワインである。一九世紀後半は、ヨーロッパ各国は保護貿易主義から自由貿易主義に転換し、国境を越えたワインの取引が盛んになっていた。それによってフランスからの輸出が促進されたが、同時に、外国産ワインの輸入も容易になり、フィロキセラ禍にともなうワイン不足に乗じて、隣国のワインが大量に入ってくることになったのである。

フィロキセラは恐るべき繁殖力をもっていたが、瞬く間にヨーロッパ中に広まったわけではない。イタリア南部に被害が及んだのは一八九〇年頃で、イタリア北部・中部、スペインには一九〇〇年以降、ドイツにいたっては第一次世界大戦末期であった。隣国での被害は、フランスよりずっと遅かったのである。

ヒュー・ジョンソンによれば、フランスの競争相手であるスペイン、ポルトガル、イタリアなどでは、フィロキセラの出現は「脅威であると同時に好機である」と捉えられた。[31] 一八七〇年から九〇年までの二〇年間は、フランスのワイン不足を補うために、イタリアワインの生産量は二倍になり、とくに南部とピエモンテで著しい増加が見られた。[32] プーリアのオリーブの森やシチリアのトウモロコシ畑はブドウ一色に塗り替えられるほどであったという。

さらに、一八三〇年以降フランスの支配の下に置かれていたアルジェリアからも輸入された。もともと、アルジェリアはワインの供給源ではなく、輸出先とみなされていたが、一九世紀の終わりの二〇年間でアルジェリアのブドウ畑は一〇倍に増加し、フランスに向けて膨大な量のワインが輸出された。[33] アルジェリアは、フランスの主要産地に比べてはるかに温暖であるから、糖度の高いブドウができる。このため、アルジェリアのワインはアルコール度が高く、ワインの代用品の原料にも用いられた。

いずれにしても、フィロキセラが隣国のブドウ畑に侵入するまでのあいだ、大量のワインがフランスに流入してきた。フランスのワイン輸入量は、一八八〇年に七〇〇万ヘクトリットル、一八八七年には一二〇〇万ヘクトリットルにまで増加した。

市場混乱のもうひとつの理由は、一八八〇年以降急増した、ワイン模造品の横行である。ギリシアやトルコから輸入されたレーズンに水を加えて発酵させ、香料や着色料を添加した「レーズンワイン」がその代表的なものである。安いラングドックの赤ワインとブレンドすることもあった。この種のワインは、一八八一年から、毎年二〇〇万ヘクトリットル以上は売られていたという。[34] また、フランスのみならず、イタリアやスペインでも、大量の模造ワインが造られた。

ワイン不足を補うために、ブドウを圧搾したあとの搾りかすに水と砂糖を添加し、発酵させて色付けした「砂糖ワイン」も製造された。フィロキセラ禍はやがて克服されることになるのであるが、新鮮なブドウ果実を使わずに造られた模造品の存在こそ、その後も、栽培農家や生産者を苦しめ続けたのである。

ワインを定義する――一八八九年のグリフ法

砂糖や搾りかす、あるいはレーズンを使った模造ワインとの戦いを抜きにして、ワイン法の誕生を語ることはできない。

「真のワイン」、すなわち、ブドウ栽培農家が育てた新鮮なブドウのみを原料として造られるワインを保護しなければ、ブドウ栽培農家を救うことはできない。そこで、そもそも「真のワイン」とは何であるかを、その原料の観点から定義する法律が制定されることになる。

ワインの定義を意図した最初の法律は、一八八九年八月一四日の「グリフ法」である。

グリフ法は、第一条において「新鮮なブドウを発酵させて造られる産品以外のものをワインの名の下に、発送し、販売してはならない」と規定。この定義に合致しない商品、すなわち、「新鮮なブドウ」ではなく乾燥ブドウを使って製造された「レーズンワイン」や、ブドウの搾りかすを使った「砂糖ワイン」といったワインの模造品は、グリフ法以降、「ワイン」という名称で販売することはできなくなった。グリフ法におけるワインの定義は、こんにちのＥＵワイン法や、ワインの国際機関であるＯＩＶ（国際ブドウ・ワイン機構）の基準にも受け継がれている。したがって、ワインの定義のグローバル・スタンダードの起源は、このグリフ法にあるといえよう。

しかしながら、グリフ法は、模造ワインの製造それ自体を禁止するものではなかった。ブドウのマール（ブドウやワインの搾りかすで造る蒸留酒）に水と砂糖を添加して発酵させたものは「砂糖ワイン」という名称でしか販売できない（第二条）、あるいは、レーズンに水を添加して発酵させたものは「レーズンワイン」という名称でしか販売できない（第三条）と規定しており、そのような名称を表示するのであれば、販売することは許されていたのである。定義上は「ワイン」と呼べなくなった製品を「健康的飲み物」などと銘打って販売する模造品の製造業者もあったという[35]。

その後、一八九四年七月二四日の法律では、ワインに水やアルコールを添加することが禁止され、違反行為には刑罰が科されることとなった。とはいえ、生産者や卸商によるワインの水増しを取り締まることはできても、小売商が行う水増しまで検査することは容易ではなかった。

フィロキセラとベト病の克服

フィロキセラの被害が、フランスのみならず、ヨーロッパ中に広がっていくなかで、さまざまな駆除方法が考案された。

ラングドック地方では、畑を水没させたり、砂を撒いたりといった対策が考えられた。フィロキセラは、砂粒の中では容易に前進することができなかったし、冬期にブドウ樹を冠水させれば、根を好んで攻撃するフィロキセラの卵の孵化（ふか）を防ぐことができた。今でも、ローヌ川の河口にあたるカマルグでは、砂地でのブドウ栽培が行われ、「ヴァン・ド・サーブル」すなわち「砂ワイン」が造られている。

殺虫効果のある二硫化炭素を畑に注入する駆除法も試された。いくつかのフランスの博物館には、このときに使われた二硫化炭素の注入器が展示されている。しかし、二硫化炭素は揮発性が高くて引火しやすく、つねに爆発する危険があったし、その毒性は人体にも致命的な影響を及ぼすため、作業には困難がともなった。リスクが高いうえ、莫大なコストがかかることもあって、ロマネ・コンティの畑でも一九四〇年代までに二硫化炭素の使用は放棄された。

フィロキセラは北米からやってきたのであるが、前述のように、アメリカ系のブドウ品種は、フィロキセラに対する耐性を持っていた。そこで、ヨーロッパ系品種ではなく、アメリカ系品種を植え付ける生産者もあらわれた。かれらが選んだのは、病気や害虫に強く、栽培が容易で、肥料も少なくて済む品種、たとえば、オテロ、ジャケ、ノア、クラントン、エルブモンといったものであった。これらの品種は、産出量は多かったものの、ワインの品質は低かった。フォクシーフレーバー（キツネ臭といわれる異臭）が激しく、飲むに耐えないものであったという[36]。

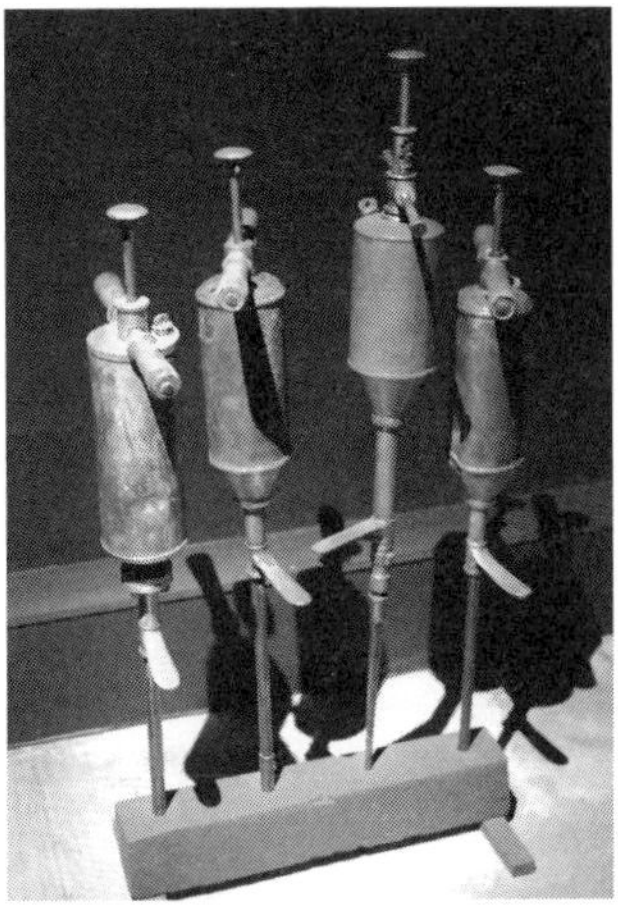

二硫化炭素の注入器　ブルゴーニュの博物館に展示されているもの

さらに、ヨーロッパ系品種とアメリカ系品種の交配も試みられた。現在、北海道や東北などで栽培されているセイベルもこの時に交配されて生まれた品種である。アメリカ系品種に比べれば、ワインの品質は優れていたが、やはりヨーロッパ系品種には遠く及ばなかった。

結局、フィロキセラを克服する最良の方法は、アメリカ系品種のブドウ樹を台木とし、そこにヨーロッパ系品種を接ぎ木することであった。フィロキセラはブドウ樹の根を襲うアブラムシであるから、台木をフィロキセラ耐性のあるアメリカ系品種にすることで被害を抑えることができるというのである。そして、この台木にヨーロッパ系品種を接ぎ木すれば、アメリカ系品種や交配種よりははるかに高品質のワインを得ることが可能になる。ただ、コストがかかるという問題があり、余裕のない小規模生産者はアメリカ系品種や交配種を使い続けるしかなかった。

さらに悪いことに、フィロキセラ対策のために輸入したアメリカ系品種と一緒に、またしても新たな病気がフランスに入ってきてしまった。ベト病(ミルデュー)である。ウドンコ病と同じく、ベト病も真菌の一種が病原である。ベト病に罹ったブドウ樹は落葉し、木は変色し、実は青いまま腐って落下したという。

幸いにも、ベト病の予防策は、比較的短期間で発見された。ボルドーのシャトー・デュクリュ・ボーカイユでは、道端に近いブドウが盗み食いされるのを防ぐため、見た目を汚くするという目的で硫酸銅が散布され、ブドウの葉は青白い粉末に覆われていた。ところが、この『汚れた」ブドウ畑は、ベト病に冒されていなかったのである。これを知ったボルドー大学のピエール・ミラルデは、硫酸銅を散布すればベト病を予防できると考え、「ボルドー液」を開発した。ボルドー液は、この少し後にあらわれた黒斑病の予防にも有効であった。石灰乳に硫酸銅液を混合したボルドー液の散布は、今でも不可欠な作業となっている。

こうしてアメリカ系品種や交配種への植え替え、あるいは、アメリカ系品種への接ぎ木によって、いったんは激減したフランスのワイン生産量が徐々に回復した。ヨーロッパ系品種にかわって新たに植え付けられたアメリカ系品種や交配種は多産であったため、一ヘクタール当たりの産出量はフィロキセラ以前より増加したところもあった。

一八八九年に二三四〇万ヘクトリットルまで減少した生産量は、一八九三年になると、豊作もあって五〇〇〇万ヘクトリットルまで回復した。その後も、一九〇〇年から一九〇九年にかけて、毎年、六八〇〇万ヘクトリットルの水準でフランスワインが生産された。ちなみに、当時のフランス国内におけるワインの消費量は五〇〇〇万～六〇〇〇万ヘクトリットルであったから、フランスワインだけで十分に需要を満たせる状況だったといえる。

問題は、フランスワイン以外に、輸入ワインやワインの模造品が、依然として安価で流通していたことである。ワインはたちまち供給過剰となり、価格が下落した。ジルベール・ガリエによれば、輸入ワインやワインの模造品まで含めると、市場に出まわっていたワインの量は八〇〇〇万ヘクトリットルにもなり、供給過剰は明白であった。そのうちの三分の二だけが消費され、残りは余剰となった[37]。需要と供給の不均衡は価格下落を加速させ、いち早くフィロキセラを克服していたラングドックの生産者を苦しめた。

ヒュー・ジョンソンは、一八八〇年代には、ラングドックでワイン一〇〇リットルが三〇フランだったのが、一九〇〇年までに、一〇フランにまで下がってしまったという。そのころの生産原価は一五フランであり、原価割れの状態であった。一九〇七年には、ワインの価格は、原価の半分以下にまで下落し[38]、いよいよ生活できなくなったラングドックの生産者たちは、政府に対策を求めて立ち上がることになる。

フィロキセラ禍以降のワイン市場の混乱は、生産者間、あるいは産地間の格差を際立たせた。「フランスのワイン工場」たる南仏の貧しい生産者にくらべると、ブランド力のある有名産地の生産者の受けたダメージは限定的であった。たとえば、ボルドーでは、たしかにフィロキセラの被害は長く続いたが、アメリカから良質の台木を用いて接ぎ木を行うことができたため、品質の低下を免れ、価格も安定していた。ソーテルヌなどの甘口白ワインは、価格が高騰することさえあったという[39]。

二〇世紀に入って制定されるワイン法は、一方では日常消費用ワインの生産に携わる貧しい生産者を保護するとともに、他方では、高級ワインの生産者の保護とブランドの保護・強化に資する法的制度の構築をめざしたものである。次章では、とくに後者の制定過程に注目することにしよう。

第2章 「産地」を守る戦い

1　不正ワインとの戦い

一九〇七年のラングドック

南フランスのラングドック地方は、フランス最大規模のワイン産地のひとつである。一九世紀後半以降、フランス国内市場の四割近くがラングドックのワインで占められるようになっていた。ワイン生産のみならず、樽製造業、卸売業、小売業、運送業などのワイン関連産業も発達し、ワインの売れ行きがラングドックの地域経済そのものを左右するほどであった。それゆえ、ワインの供給過剰による価格の暴落は、ブドウ栽培農家を直撃するのみならず、南仏全体の景気を悪化させる原因となった。

供給過剰と価格暴落の原因については、いくつかの見方がある。模造品が大量に流通して供給過剰になったという説、たんなる過剰生産という説、アルジェリアやイタリアなど外国のワインがフランス市場に流入して供給過剰になったという説、さらには、シードルなどの酒類やソフトドリンクとの競合によってワインの消費が落ち込んだという説などである。

ラングドックの人びとは、供給過剰をもたらした諸悪の根源は模造ワインにある、と考えた。ブドウの搾りかすを使った模造品を製造していた業者を、かれらは激しく非難した。さらにかれらは、砂糖を生産していた北フランスの甜菜栽培者や製糖業者までも批判した。模造ワインの製造には砂糖の添加が不可欠だったからである。

ラングドックの一九〇七年、それはブドウ栽培農家の暴動（Révolte du Midi）の年として歴史に残されている。この年、価格下落と販売不振に苦しむラングドックの栽培農家とワイン生産者たちは、模造ワインの一掃を求め、これが大規模な暴動に発展。最終的には、模造ワインの製造禁止につながる一連の立法へと政府を突き動かしていく。

この運動の中心人物は、カフェ経営者で、ブドウ栽培農家でもあったマルスラン・アルベールである。かれは、困窮するブドウ栽培農家たちを動員し、まがい物を排除する施策を政府に要求するべく運動をリードしていった。日曜日ごとに集会が開催され、数多くの栽培農家が集結した。一九〇七年四月二八日の集会では参加者が二万人を超え、翌週の五月五日にナルボンヌで開催された集会には五万人を超える参加者が集まったという。人びとは、「不正ワインの製造者には死を！」「真正ワイン万歳！」といったプラカードを掲げ、模造ワインの禁止を訴えた。

> ブドウ栽培者の要求はただひとつ、彼らの〈自然で混じりけのないワイン〉が大量に売れ残る原因となっている、輸入ワイン、紛い物の変造ワインを一掃することだった。それらが幅をきかせているのは、利益を優先するワイン商のせいだった。[40]

1907年の暴動から100周年を迎えた2007年には、この歴史上の出来事を取り上げた多くの出版物が刊行された

ラングドックの人びとが模造ワインや輸入ワインを排除しようとしたのは、これらがなくなれば、真正ワインの価格が上昇し、危機を克服できると信じていたからである。かれらにとって、ラングドックの真正なワインこそが「フランスの偉大な遺産」である。模造ワインは地域経済を破壊するだけでなく、フランスの価値まで破壊してしまう「不正」なものとみなされた。かれらは、真正ワインを守ることこそが正義であって、フランス全体の利益につながると確信していたのである。[41]

模造ワインの製造禁止へ

なかなか動こうとしない政府に苛立ち、最後通牒を発したのは、元下院議員でもあったナルボンヌ市長エルネスト・フェルルである。一九〇七年五月一二日、かれは、もし政府が六月一〇日までに模造ワインを禁止する措置をとらなければ、南仏の市町村長たちは一斉に辞任し、税金の支払いを拒否すると宣言した。

同年六月九日、モンペリエで集会が開催され、会場となったコメディ広場は数十万の参加者で埋め尽くされた。当時のラングドックの人口の半数がこの日の集会に参加。そのデモの規模は、第三共和制下で最大のものだったという。

その翌日に、ラングドック・ルシヨンの四四二市町村の首長が一斉に辞任を表明。税金支払い拒否が宣言され、市役所には黒旗が掲げられた。これに対して、首相クレマンソーは強硬策をとり、軍隊の出動を命じた。フェルルは、ナルボンヌで逮捕。軍隊の発砲によって死傷者が出る惨事となった。

政府が軍隊を投入してまで暴動を鎮圧する一方、国会ではワインの不正行為を防止するための法案が審議されていた。マルスラン・アルベールは、六月二二日にパリに入り、クレマンソーへの直訴に成功した。

国会では、不正行為の防止策として一連の重要立法が制定された。そのひとつが、一九〇七年六月二九日の法律である。財務大臣ジョセフ・カイヨが法案提出者であったため「カイヨ法」とも呼ばれている。

モンペリエのコメディ広場　この広場に数十万人が集結し、模造ワインの禁止を求める集会が行われた

カイヨ法は、その年の生産量と在庫量、ブドウ栽培面積をその産地の市町村役場に申告することを生産者に義務づけ、虚偽の申告を行った者には罰金を科すこととした。行政がブドウ畑の面積やワインの生産量・在庫量を把握することで、ワインの水増しを防ぐことができると考えられたのである。

また、この法律は、搾りかすを使ったワイン（ピケットと呼ばれる）の製造を自家消費用に限って認め、販売用については禁止した。自家消費用についても、その製造量や砂糖の添加量に上限が定められ、もし販売目的で製造した場合には、重い罰金が科されるものとした。さらに、補糖する際に用いられる砂糖には税金が課されることになり、安価に模造ワインを製造することは不可能になった。

このほか、一九〇七年七月一五日の法律では、ワインとアルコール類の流通を監督する体制が整備された。不正行為取り締まり総局[42]が創設されたのもこの一九〇七年であった。

一九〇七年九月三日の政令は、あらためて「新鮮なブドウまたはブドウ果汁をアルコール発酵させた飲料でなければ、ワインという名称で販売してはならない」というグリフ法以来の定義を再確認するとともに、ワインの原産地や実質的な品質に関して購入者を騙す目的で、ワインの自然な状態を改変する行為を禁止した。

すでに述べたように、一八八九年のグリフ法は、模造ワインの製造そのものを禁止することができなかった。しかし、一九〇七年の諸立法では、模造ワインの製造が事実上不可能になり、こうした模造品はようやく駆逐されることになったのである。

2 混迷する「産地」画定

横行する産地偽装

フランスのワイン生産者を悩ませたのは、模造ワインや輸入ワインだけではなかった。市場の混乱に乗じて、有名な産地や生産者を偽って表示する業者が続出したのである。とりわけ偽装の多かったのは、世界的な名声を博していたボルドーである。

ボルドーは、イングランド王支配下で特権を与えられて以来、大いに繁栄し、世界的な名声を得ることに成功した。反面、有名であったがゆえに、市場にはまがい物があふれていた。スペイン産やアメリカ産のワインが「ボルドー」を名乗ることさえあった。フィロキセラの被害で、フランス国内のワインが不足するようになると、ボルドーの産地や有名生産者の名を偽装表示する業者が次々現れた。

一九〇四年一二月、メドック格付け第四級シャトー・デュアール・ミロンの経営者は、格付けシャトー組合の総会で、以下の事実を告発している。

スペイン産のワインの樽がボルドーの港に持ち込まれる。樽にはスペイン産を示すラベルが貼ってあるが、それを削り取って、ボルドー港から欧州各地に販売する。船荷証券はボルドーで発行され、それが産地証明の代わりとなっている。[43]

このような産地偽装に加えて、ボルドーワインを他産地のワインとブレンドし、「ボルドーワイン」と称して販売する不正も広く行われていた。一九世紀には、内陸部に位置するドルドーニュ県やロット・エ・ガロンヌ県のワインが、ジロンド県の伝統的なボルドーの生産区域内で産出されたワインとブレンドされ、「ボルドーワイン」として出荷されるようになっていた。ちなみに、ドルドーニュ県も、ロット・エ・ガロンヌ県も、こんにちではボルドーワインのブドウ産地の範囲には含まれていない。

はるばるアルジェリアから輸入されたワインとブレンドされたものが「ボルドーワイン」として販

売されることもあった。当時のボルドーワインは、アルコール度数が十分ではないことも間々あったようであり、品質を安定させる目的で、アルコール度数の高いアルジェリア産ワインとのブレンドが行われた。

フィロキセラ禍が克服され、畑の復興が進むと、ワインの生産量が回復した。しかしそれによって、今度は、生産過剰が深刻な問題になる。ボルドーでも状況は同じであった。

ボルドーワインの産出量は、一八八〇年代を通して、ほとんどの年において一八〇万ヘクトリットル以下であった。しかし、徐々に回復し、一八九三年には約四九〇万ヘクトリットルにまで増加、その後も毎年四〇〇万〜五〇〇万ヘクトリットルのワインが産出された。[44] ボルドーでは、ラングドックのような栽培農家の暴動こそ起こらなかったが、正式にボルドーを名乗れる生産範囲の画定をめぐって、ジロンド県と隣県とが対立した。ジロンド県の生産者からすれば、だぶついているワインの産出量を抑えるために、他県のワインがボルドーを名乗ることは何としても阻止したかったのである。

一九〇五年法の制定——産地偽装の禁止

ボルドーをはじめとする有名産地では、産地偽装の禁止を要求する声が、生産者の間で高まっていた。もちろん、消費者の立場からも、産地偽装を防止するための立法が必要であった。そしてついに制定されたのが、一九〇五年八月一日の「商品販売における不正行為と、食料品と農産物の偽造の防止のための法律」である。

この法律が制定された背景にあるのは、ワインの産地偽装もさることながら、水増しされた汚染牛乳が原因で多くの子どもが犠牲になった悲惨な事件である。この法律の対象は、ワインのみならず食品全般に及ぶものとなっており、こんにちでは、フランスの消費者保護法の出発点とみなされている。

一九〇五年法は、第一条において、「商品の性質、品質（qualités substantielles)、成分、誤って表記された原産地が主要な販売力となっている場合の原産地（中略）について契約者を騙した、又は騙そうとした者は、三ヵ月以上一年未満の禁錮、および罰金に科す」と規定している。原産地について虚偽の表示を行い、消費者を騙そうとした者には刑罰が科される。実際に消費者が騙されたかどうかは問わない。消費者を騙そうとする行為がこの法律で禁止されることになったのである。生産者と消費者の保護に寄与する点では、画期的な法律であったといえよう。

しかし、ワインについては、一九〇五年法の制定をもって直ちに問題が解決されることにはならなかった。ここでいう「原産地」はいったいどこなのかという問題が残されたからである。そして、まさしくこの「原産地」を画定する作業こそが新たな火種になるのである。

「上からの」範囲画定――カズヌーヴ法

一九〇五年に制定された「商品販売における不正行為と、食料品と農産物の偽造の防止のための法律」は、その後、一九〇八年八月五日の法律（「カズヌーヴ法」）によって改正された。

一九〇八年の改正には二つの目的があったと考えられる。ひとつは、一九〇五年法における不正防止規定が不十分であった点を補完すること、そしてもうひとつの目的は、高品質ワインの生産者の要求に応えるため、産地の呼称を排他的に使用できる地域の範囲を政府が画定することであった。[45]

一九〇八年法では、「製品の産地の呼称を主張することができる地域の範囲の画定は、従来からの地元の慣習（un usage local et constant）にもとづいて行う」という規定が追加された。ここで、実際の産地画定について責任を負うことになったのは、かのコンセイユ・デタ（Conseil d'État）である。コンセイユ・デタは、行政最高裁判所であると同時に、日本の内閣法制局に相当する任務をもあわせもつ国の機関である。

中央政府は、それぞれの産地に委員会を設置し、そこでまとめられた意見をもとに産地画定を進めていこうとした。ところが、それらの委員会は、産地呼称をめぐる市町村の間の紛争に巻き込まれ、機能不全に陥ってしまった。そこで、政府は、技術者や学識経験者の意見にもとづいて決定する方針に転換し、シャンパーニュ（一九〇八年一二月一七日の政令）、コニャック（一九〇九年五月一日の政令）、バニュルス（一九〇九年九月一八日の政令）、ボルドー（一九一一年二月一八日の政令）の産地画定が行われた。

シャンパーニュの大失敗

「従来からの地元の慣習」にもとづき、ワイン産地の範囲を行政主導で画定しようという試みが、ことのほか栽培農家の間に深刻な対立を引き起こしてしまったのが、かのシャンパーニュである。

シャンパーニュは高価なことで知られ、多くの愛好家にとって、憧れのワインである。絶対王政期以来、シャンパーニュはフランス内外の宮廷で愛され、そのブランドは世界的な名声を博してきた。

フランス国王ルイ一五世から寵愛（ちょうあい）を受けたポンパドール夫人は、「女性が飲んで美しくいられるのはシャンパーニュだけ」と口にしていたとか。しかし、シャンパーニュの産地偽装は後を絶つことがなく、生産者や栽培農家の悩みの種であった。

有名産地であるだけに、シャンパーニュを名乗れる範囲の画定は、必然的にデリケートな問題とならざるをえない。栽培農家が必死になるのは、シャンパーニュを名乗れるかどうかで、ブドウの価格がまったく異なるからである。

シャンパーニュは、オーヴィレール修道院の修道士ピエール・ペリニョンによって「発明」されたといわれている

シャンパーニュでも、一九〇八年法にしたがって、「従来からの地元の慣習」によって産地の範囲の画定を行うこととされた。ところが、マルヌ県、オーブ県それぞれの栽培農家とメーカー（メゾンあるいはシャンパンハウス）の利害は三者三様であった。シャンパーニュでは、ワイン製造業者は「メゾン」と呼ばれており、比較的大規模な事業者が多い。こうしたメーカーは、ブドウ栽培農家から原料ブドウを買い入れてワインを製造しており、農業と加工業の分業体制が形成されてきた。シャンパーニュの多くは、複数年代のワインをブレンドして製造したものであり、年代ごとのワインのストックが必要となる。出荷までに時間を要

するうえ、設備に莫大な費用がかかることから、栽培農家とメーカーとの分業が定着していたのである。

では、マルヌ県とオーブ県の栽培農家の利害対立の背景には、いったい何があったのか。

マルヌ県は、シャンパーニュの中心地であり、有名なメゾンもランスやエペルネといったマルヌ県の市町村に集中している。マルヌ県の栽培農家は、同県だけがシャンパーニュの産地であって、他県で収穫されたブドウを使ったものが「シャンパーニュ」を名乗るのは不正行為だと考えていた。

これに対して、マルヌ県の南隣にあたり、ブルゴーニュのコート・ドール県との間に位置するオーブ県のブドウ栽培農家は、シャンパーニュの呼称を使う権利を死守しようとした。もし、マルヌ県側の要求が受け入れられ、オーブ県ではシャンパーニュの呼称が使用できないとなると、たちまちかれらのブドウやワインは価値を失い、大きな経済的打撃を受けるからである。

シャンパンメーカーやワイン商は、マルヌ県であれ、オーブ県であれ、あるいはその他の県であれ、安いブドウが手に入るなら産地はどこでもよかった。

政府は、一九〇八年一二月一七日の政令によって、シャンパーニュの呼称を使用できる範囲を画定した。その内容は、マルヌ県とその西隣のエーヌ県の一部の村のみが呼称を使用できるとするものであった。オーブ県は産地の範囲から除外されたが、それでもオーブ県の原料を使ってマルヌ県でシャンパーニュを製造すること自体は認められた。しかし、これに異を唱えたのが、マルヌ県の栽培農家であった。かれらは、オーブ県のブドウをマルヌ県に輸送し、シャンパーニュの原料とすることは、「従来からの地元の慣習」とは相容れないと主張し、より厳格な基準を求めたのである。

軍隊の出動へ

マルヌ県の栽培農家の怒りは収まらなかった。かれらは、一九一一年一月、「不正」を行っているとされたエペルネやアイのワイン商のセラーを次々と破壊。マルヌ県知事の要請を受けて、軍隊まで出動する事態となった。

同年二月一一日、政府は、マルヌ県の栽培農家たちの要求を受け入れた。シャンパーニュの生産地域内で収穫されたブドウを使ったものだけがシャンパーニュの呼称を使うことができるとし、ブドウの生産地以外での製造はもちろん、原料の供給も禁止されることとなった。これにともない、オーブ県のブドウを原料に使った場合には、シャンパーニュと表示することはできなくなったのである。

同年三月、首相エルネスト・モニがシャンパーニュの産地画定は完了したと宣言すると、オーブ県の栽培農家がこれに激しく抵抗した。オーブ県では、反対運動を率いたガストン・シェックの下、栽培農家同盟が結成され、半数以上の市町村会議員が抗議の辞職をした。オーブ県の中心都市トロワでは大規模な集会が開かれ、人びとは産地画定の撤回を求めた。

このようなオーブ県の反発を見て、上院は、四月一一日、この産地画定はフランスを二分する元凶だとして、その廃止を決議した。しかし、今度は、これを耳にしたマルヌ県の栽培農家たちが激怒し、再び暴動が勃発。かれらの主たる標的は、別の産地のワインを仕入れて偽物を造っているとみなされたシャンパンメーカーであったが、偽物を造っていない生産者までも巻き添えで襲撃された。アイのアヤラ社がそのひとつである。エペルネやアイの町は荒らされ、数千本のブドウ樹が焼き払わ

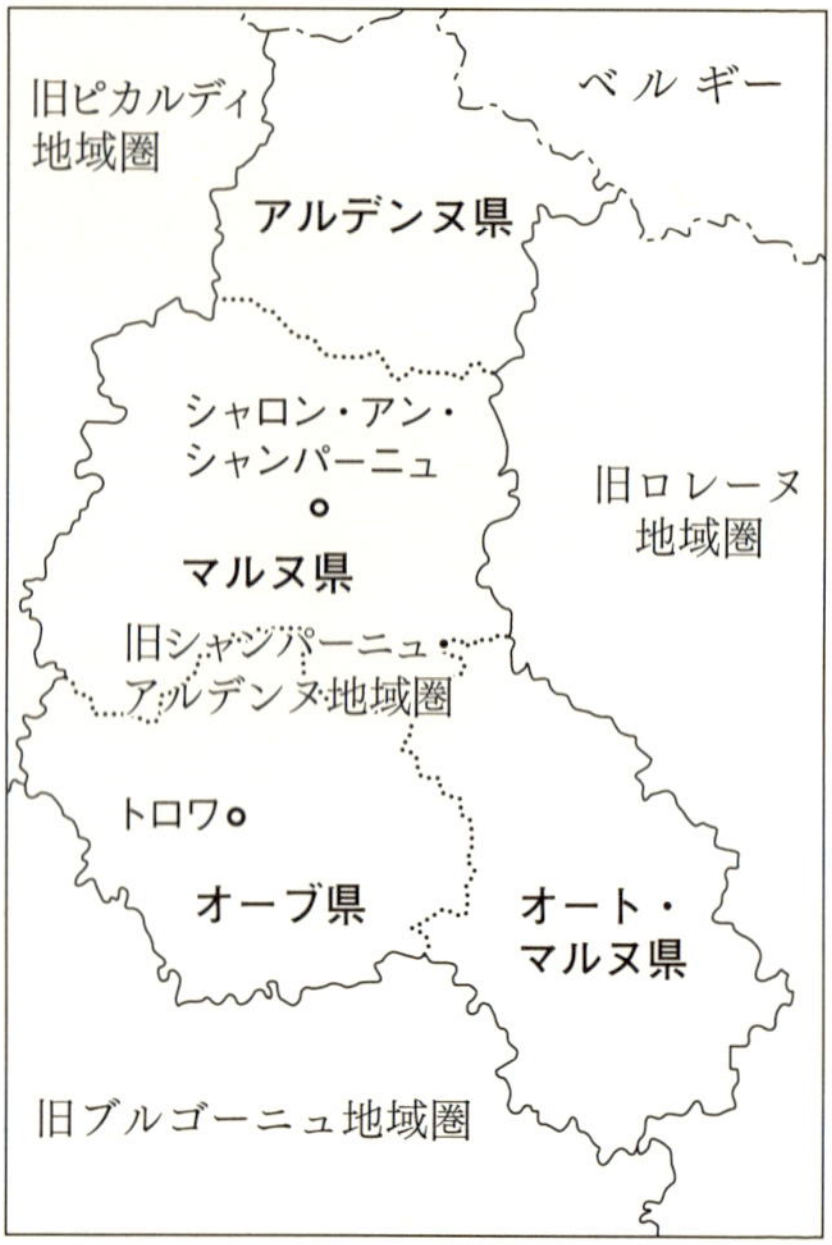

マルヌ県とオーブ県の位置関係

れ、六〇〇万本のボトルが割られたという。

シャンパーニュの産地画定をめぐる対立は、一九世紀末から二〇世紀にかけてフランス社会における世論を二分した、かの「ドレフュス事件」（ユダヤ系軍人がスパイ容疑で逮捕されたことを発端にした政治危機）を彷彿とさせるものであった。事態を収拾させるため、政府は、六月七日、マルヌ県を真正なるシャンパーニュの産地とし、オーブ県をシャンパーニュの「第二区域」として認める政令を採択。その後、一九二七年には、オーブ県を含む五県が正式にシャンパーニュの産地であることが確認された。

シャンパーニュの失敗は、行政による「上から」の産地画定が困難であることを示した象徴的な事例である。他方で、ジルベール・ガリエが「商人の不法行為の抑制に産出者が力を発揮したのは、プラスの側面であった」[46]と述べているように、ブドウ栽培農家が、産地偽装を阻止するために団結し、行動を起こした点については、評価すべき側面もあるといえよう。

迷走するボルドーの産地画定

ボルドーにおける産地画定もまた、市場の混乱を招き、産地間の対立を引き起こした。一九世紀には、ドルドーニュ県やロット・エ・ガロンヌ県のワインがジロンド県のワインとブレンドされてボルドーワインとして出荷され、それにはネゴシアン（ワイン商）が関係していたが、その存在が対立をさらに複雑にしていた。

一九〇五年法を受けて、「ボルドー」の産地画定を行うため、ジロンド県の知事を中心にジロンド県、ドルドーニュ県、ロット・エ・ガロンヌ県の下院議員などで構成された委員会が発足した。ジロンド県の生産者は、他県のワインがジロンド県のワインに大量にブレンドされ、これが生産過剰や販売不振の原因になっていると批判し、「ボルドー」を名乗れるのはジロンド県のみであると主張した。これに対し、ドルドーニュ県やロット・エ・ガロンヌ県の委員は激しく反対し、ネゴシアンも、これまでどおりブレンドを継続したいという意図から、「ボルドー」の産地をジロンド県のみとする産地画定案には反対した。

一九〇九年一月、産地画定委員会は、ジロンド県の生産者の主張を受け入れるかたちで、「ボルドー」の呼称を使うことができるのはジロンド県のみであるという採択を決議し、農相に報告した。当然、産地から外されたドルドーニュ県やロット・エ・ガロンヌ県は、委員会の決議に反対した。ところが、当時の大統領アルマン・ファリエールがロット・エ・ガロンヌ県の出身であったことから、「ボルドー」の産地画定は中央政府の主導で進められることになる。

ジロンド県、ドルドーニュ県、ロット・エ・ガロンヌ県の位置関係

ここでの問題は、一九〇八年法にいう「従来からの地元の慣習」が、いったいいつの慣習を意味するのか、ということであった。ジロンド県のワインのみが「ボルドー」を名乗ることを許されていた「ボルドー特権」の時代の慣習なのか、それとも、他県とのブレンドが行われるようになった一九世紀以降の慣習なのかで、産地の範囲は異なってくる。

一九〇九年四月、農業省は行政検査官を現地に派遣。その調査にもとづいて同年八月、コンセイユ・デタは、「ボルドー」の産地には、ジロンド県だけでなく、ドルドーニュ県の四一市町村、ロット・エ・ガロンヌ県の二二市町村も含まれるという決定を下した。その決定は、中世以来の慣習ではなく、一九世紀、とりわけフィロキセラ以降の慣習を考慮したものであった。

ジロンド県の生産者たちは、このような産地画定の決定に直ちに反発し、代表団をパリに送った。

ジロンド県の生産者代表は、「ボルドー」を名乗れるのはジロンド県のみであるという請願書を提出し、これには一万人以上が署名したという。

政府は、一九〇七年のラングドックの暴動の記憶も鮮明に残っていたことから、新たな調査の実施を決定した。第二次産地画定委員会が組織され、その委員には、下院議員ではなく、学識経験者などが選ばれた。委員のなかには、のちに一九三五年のＡＯＣ法の制定に尽力するジョセフ・カピュスも含まれていた。

第二次委員会は、中世の「ボルドー特権」の時代にまで遡って調査を行った。その結果、かつては、ボルドーのセネシャル管区内で造られたワインだけが「ボルドー風バリック」と呼ばれる小樽に入れられ、「ボルドーワイン」と名乗っていたことを証明された。結論として、「ボルドー」を名乗ることができるのは、ジロンド県で造られたワインのみであるとした。

当初はコンセイユ・デタの決定に賛同していた農相も、最終的には、第二次委員会の判断を受け入れ、一九一一年二月一八日の政令で、ボルドーの産地の範囲はジロンド県のみとされた。これにより、ネゴシアンがドルドーニュ県やロット・エ・ガロンヌ県産ワインをブレンドした場合には、「ボルドー」と名乗ることはできなくなったのである。

パム＝ダリア法案――品質要件の萌芽

行政主導の産地画定が困難であることは、シャンパーニュやボルドーでの失敗から明らかであった。そこで、行政ではなく、司法に解決をゆだねる方法が検討された。

新たに農相となったジュール・パムは、一九一一年六月三〇日、裁判による産地画定を盛り込んだ法案を下院に提出。その法案は、原産地を名乗ることができるかどうかは裁判官が決定することとし、その際、産地だけでなく、その産品の性質、構成および「実質的な品質」について考慮するというものであった。

法案の基本原則には、ワインに限らず、原産地呼称のおかげで名声を博しているすべての農産物が対象とされるべきこと、また、特定の栽培方法や栽培品種にしたがって生産された結果、その産品が価値あるものとなっているのであって、だからこそ保護されるべきなのだ、といった考え方が反映されていた。[47]ただ当該産地で生産されれば、原産地呼称が保護されるというものではなかった。

もし、この法案どおり、原産地を名乗るための要件に品質概念が含まれることになれば、より徹底した不正防止が可能となるはずであった。しかし、ネゴシアンがこれに反発。質の悪いワインでは「ボルドー」を名乗れなくなることを恐れたためである。

一九一三年二月二七日、ジロンド県選出の下院議員アドリアン・ダリアは、パムの提出した一九一一年の法案をもとに新たに作成された法案を提出した。そのため、一九一三年の法案は「パム＝ダリア法案」と呼ばれている。

削除された品質概念

パム＝ダリア法案は、同年一一月に下院で審議されたが、そこでは、品質概念をめぐる激しい議論が巻き起こり、結局、原産地を名乗るための要件から除外されてしまう。

下院議員トレモイユは、ダリアと同じジロンド県選出であったにもかかわらず、原産地を名乗るためには、たんにその産地で生産されればよいのであって、品質要件を盛り込むことは生産者の権利を侵害するものであるとして法案を批判した。また、品質というのは不明確な概念であり、定義することができず、法律に盛り込むのは危険である、品質を備えていることを裁判で証明するのは困難である、品質を備えているかどうかをめぐって無数の訴訟が提起されるおそれがある、等々の理由で法案に反対する議員も少なくなかった。シャンパーニュの産地画定をめぐってマルヌ県と対立したオーブ県選出の議員であったポール・ムニエがそうである。

このような批判に対して、クレマンテル農相は、以下のように反論している[48]。

有名な畑で、貴方ほどに産地名に敏感でない生産者が、収量の多いハイブリッド系の品種を植えたとします。そしてそのぶどうからのワインを、その有名な産地名を付けて販売したとしたら、それは貴方自身にとっても、そのクリュにとっても深刻な損害ではないでしょうか。

ここで「クリュ」という言葉は、高品質ワインを生むブドウ畑や銘醸ワインを意味している。クレマンテル農相やダリアは、品質基準が外されると、北米系品種との交雑によるハイブリッド系品種など、栽培が容易で多産な粗悪品種が植えられるようになり、その結果、ワインの品質が低下して産地や生産者の評価も下がってしまうことを明確に懸念していたのである。

しかし、結局、下院においては品質要件反対派が優勢となり、「実質的な品質」という文言は削除されてしまった。その後、法案は、上院に送られたが、品質要件が復活することはなかった。

そうこうしているうちに、一九一四年六月二八日、オーストリア＝ハンガリー帝国皇帝フランツ・ヨーゼフ一世の世継、フランツ・フェルディナント大公がボスニアのサラエボで暗殺され、これがきっかけとなって第一次世界大戦が勃発。同年八月、ドイツは、フランスに宣戦を布告し、ドイツ軍はシャンパーニュにまで迫った。戦争の開始とともに、原産地呼称に関する議論はストップし、以後五年間にわたって棚上げされてしまう。

3 原産地呼称制度の誕生

第一次世界大戦後の市場崩壊

第一次世界大戦下のフランスでは、ワインの需要が急増した。従軍する兵士にワインが支給されたためである。ジルベール・ガリエによれば、一九一七年における前線でのワインの消費量は一二〇〇万ヘクトリットルにも達したという。[49] 同年のフランスにおけるワイン生産量は、三八五〇万ヘクトリットルであったというから、じつに、その三分の一近い量のワインが前線の兵士によって消費された計算になる。

第一次世界大戦は長期消耗戦となり、西部戦線では膠着状態が続いた。しかし、一九一七年にアメリカ合衆国が参戦したことで戦況は変化し、ドイツ軍は劣勢となった。ドイツでは暴動や反乱が相次ぎ、一九一八年一一月九日に帝政が崩壊。ワイマール共和国が成立する。一一月一一日、オワーズ県の「コンピエーニュの森」で休戦協定が結ばれ、第一次世界大戦はようやく終結する。

国土の多くが戦場になったフランスは、一〇〇万人以上の戦死者を出し、民間人も多くが死傷した。中でもシャンパーニュは、ドイツ軍の攻撃により壊滅的な損害を蒙（こうむ）った。

ワインの生産過剰問題は、軍需によって一時的に棚上げされた。しかし、戦争が終結すると、大きな市場の崩壊がブルゴーニュやシャンパーニュのような有名生産地までも直撃した。その状況をヒュー・ジョンソンは、次のように描いている。

もっと差し迫った問題は、戦後の危機的状況のために、フランスの名だたるワイン輸出地域の顧客がなくなったことである。戦前あれほど熱心にボルドーやブルゴーニュやシャンパーニュを買っていた国々には、もはや贅沢品に使う金は残っていなかった。ロシア革命が起こって、フランスの最も利益の上がる市場がまた一つ（表面上は永久に）失われた。ドイツやオーストリアやハンガリーは戦争によって荒廃した。ベルギーも復興に数年かかるだろう。イギリスは、戦火を免れた素晴らしい年代物のシャンパーニュを、できる限り大量に買ってきたが、必要に迫られて、もっと安いカクテルのほうが当世風となる。アメリカだけが金持ちだった。そのアメリカは、一九一九年の禁酒法へとつながる憲法修正第一八条によって、自らを縛ったのである。[50]

禁酒法が制定されたアメリカだけでなく、フランスにおいても、健康維持のために禁酒を求める反アルコール団体が誕生した。その影響で、禁酒や節酒の風潮が広まりつつあった。人びとは、ワインの代わりに別のアルコール飲料や、紅茶、ミネラルウォーターなどを飲むようになり、それらの需要が増加した。国外市場の崩壊に加え、フランス国内でもワイン消費の減少が始まっていたのである。

戦前、一九〇七年の暴動の舞台となったラングドックでは、事態はいっそう深刻であった。ラングドックにおいて、ワインは、その地域の基幹産業であるのみならず、民族的なアイデンティティそのものであり、文化や経済は、ワインと深く結びついていた。人びとのワイン離れは、たんに地域経済を崩壊させるだけでなく、文化や民族的アイデンティティの喪失をも引き起こすおそれがあり、それゆえ、こうした状況は、フランス国民全体の危機として捉えられた。[51]

最初の「原産地呼称」——一九一九年法

一九一三年のパム＝ダリア法案の提出から第一次世界大戦をはさんで六年。ついに、フランスワインの「原産地呼称」を保護する法律が誕生する。この背景には、第一次世界大戦の講和条約の締結とフランスの対独政策があった。

一九一九年一月一八日から、パリにおいて講和会議が開催されたが、フランスのクレマンソー首相は、ドイツへの強い警戒感から、過酷な制裁や賠償を求めた。同年六月二八日に調印されたヴェルサイユ条約には、アルザス・ロレーヌのフランスへの割譲、ドイツの植民地の放棄や軍備の大幅な制限、ドイツの支払う賠償などが規定されたほか、国際連盟や国際労働機関（ＩＬＯ）の設置も定められた。また、ヴェルサイユ条約第一〇篇には、ドイツの関税、通信、債務、私有財産に関する規定が置かれ、その第二七五条はワインの原産地呼称にかかわるものであった。

ヴェルサイユ条約第二七五条は、連合国の法律や司法の判断などによって、ワインや蒸留酒の産地の呼称（appellation）の使用が規律されている場合、ドイツは、それにしたがうことを義務づけられるというものであった。フランスにおいて、シャンパーニュという原産地呼称を使用する権利や条件が、フランスの法律や政令、あるいは裁判所の判例で確定されていれば、ドイツは、その法律や行政・司法の判断を遵守しなければならないというのが、ヴェルサイユ条約の規定の趣旨である。

フランス国内では、シャンパーニュやボルドーについては、紛争や対立を引き起こしながらも一九〇八年法以降、行政や立法による原産地の画定が試みられていた。しかし、それ以外のワイン産地は、かならずしも原産地画定の必要性を認識していなかったようである。

そもそもフランス国内に原産地呼称の保護に関する一般法が存在しなければ、ドイツにその保護を義務づけることも難しくなる。そこで、原産地呼称を保護する法律の制定が、このヴェルサイユ条約の締結と並行して進められたのである。

このような状況下で、ヴェルサイユ講和条約が調印される前月に、一九一九年五月六日の原産地呼称の保護に関する法律が制定される。この一九一九年法は、ドイツに対する制裁や賠償に加え、原産地呼称の尊重を義務づける条項を入れようという、フランス政府の意図から生まれたものであることにも留意しておきたい。

この法律は、時間的な制約の下で制定されたこともあって、後述するような矛盾や限界を含むものとなってしまった。しかし、少なくとも「原産地呼称（アペラシオン・ドリジーヌ Appellation d'Origine）」という概念を用いて、産地の呼称の不正な使用を防止しようとした点は評価されてしかるべきであろう。

一九一九年法における「原産地」の概念は不十分なものではあったが、その後、一九三五年に「コントロール（統制・管理）された原産地呼称（アペラシオン・ドリジーヌ・コントローレ Appellation d'Origine Contrôlée）」、すなわちＡＯＣへと発展し、その射程をワイン・蒸留酒以外の産品にまで広げながら、ＥＵやＷＴＯによって取り入れられていく。一〇〇年近くの時を経て、いまや日本を含む多くの国（先進国のみならず、発展途上国においても）が原産地呼称を保護するための法制度、あるいは、これに起源を有する「地理的表示」の保護制度を導入しているが、この一九一九年法は、その嚆矢としての意義をもっている。

品質要件をめぐる見解——ブルゴーニュの消極性

一九一九年法の起点にあるのは、一九一三年に提出されたパム＝ダリア法案である。当初の法案は、原産地を名乗るにあたって、産地だけでなく、その名声や社会的評価を形作る実質的な品質についても考慮すべきこととしていた。原産地呼称と品質の保証を結びつけようとする点で画期的な法案であった。しかし、紆余曲折の末、前述したように下院の審議で品質要件が削除され、それは結局復活せぬまま一九一九年法が成立したのであった。

一九一九年法では、原産地呼称を使用する条件に品質要件が含まれるかどうかは法文上明確ではなかった。このため、原産地呼称は地理的範囲だけを意味しているのだという見解と、産地だけでなく品質要件まで含むとする見解が出てくることになり、成立後に、条文の解釈をめぐって混乱が生じる原因となった。

ブルゴーニュでは、一九一九年法をどう解釈するかが、ネゴシアンと栽培農家との関係において、重要な意味をもった。法成立以前のブルゴーニュで、幅を利かせていたのはネゴシアンである。それまでは、ネゴシアンが買い集めたワインをブレンドして有名産地の名を冠して販売したり、その産地以外で造られたワインもブレンドに用いられる、ということが慣行になっていた。

ブルゴーニュは、ワイン産地としての評価の高さのわりにブドウ栽培地の地理的範囲は限られている。広域の有名産地であるボルドーに比べて、ブルゴーニュは生産量が少ない。原料の不足は、ネゴシアンの裁量を広くする。

ブルゴーニュに、有名なジュヴレ・シャンベルタンという村がある。その村名がラベルに記載されていても、そのワインにジュヴレ・シャンベルタン村で収穫されたブドウが本当に使われているかどうかは問題とはされなかった。ブルゴーニュ産ではない安価なワインがブレンドされることもあったという。つまり、ジュヴレ・シャンベルタンと名乗ることができるレベルの品質に到達していると、ネゴシアンが判断したブレンドワインが「ジュヴレ・シャンベルタン」のワインとして販売されていたのである。ワインの産地の決定権は、ネゴシアンの側にあった。

ブルゴーニュのブドウ栽培農家は、こうしたネゴシアンの慣行に強い不満を抱いていた。ブルゴーニュという産地ブランドによって利益を得るのはもっぱらネゴシアンであり、この産地の名声を生み出す畑を守ってきた栽培農家ではなかったのだ。

一九一九年法の下では、従来ネゴシアンが行っていた慣行は許されなくなった。少なくともその産地のブドウを使うことを義務づけられたからである。ブルゴーニュにおいては、一九一九年法は、ネゴシアンに対するブドウ栽培農家の勝利を意味するものとして評価されている。[52]

ところが、ブルゴーニュの栽培農家が、原産地呼称に品質要件を盛り込むことに賛成であったかというと、そうではなかった。もし品質が重視されるようになれば、ブドウ栽培の過程だけでなく、ネゴシアンにおけるブレンド過程までも原産地呼称の要件に組み込まれることになるのではないかと考えられたからである。原産地呼称ワインの品質要件がネゴシアンの権限をかえって拡大させることを、かれらは恐れたのである。

品質要件をめぐる見解――ボルドーの積極性

一方、ボルドーの生産者たちは、品質要件に拘泥していた。パム＝ダリア法案の審議に先立ち、一九一三年九月、クレマンテル農相は、ボルドーを訪ね、ネゴシアンと生産者の間で、合意を取りつけていた。「ボルドーの合意」と呼ばれるその合意事項のひとつに、ある産品の「原産地呼称」が保護されるのは、たんにその産地内で生産されたからではなく、その産品に価値を与える生産方法を遵守して造られた商品だからである、という原則があった。ワインの品質を大きく左右する栽培・醸造方法に関する要件もまた、原産地呼称を名乗るための条件に含まれるべきであるという原則であり、前述のように一九一九年法からは欠落してしまった考え方である。

ボルドーでは、ネゴシアンさえもが品質要件を考慮に入れるべきだと考えていた。「ボルドー」という産地の名声を守るために、品質の要素は切り離すことはできないのであって、むしろ品質こそがその名声の根幹をなすものと考える点において、生産者とネゴシアンは一致していたのである。[53] ネゴシアンがボルドーワインの名声と品質を強く意識していたのは、ブルゴーニュワインに比べて輸出量が多く、外国市場で厳しい競争にさらされていたがゆえであった。

一九一九年法の帰結

一九一九年法の運用について、その後の経緯を具体的に見ておこう。

同法には品質要件への明示的な言及がなかったことから、対立する二つの解釈が生まれることになったが、当初は、地理的な条件のみを意味しているという解釈が支配的であった。その「原産地」で栽培されたブドウを使いさえすれば、どれほど粗悪なワインでも事実上は原産地呼称を表示できるというのである。その結末は悲惨なものであった。

他の産地に比べて品質要件を重視する傾向にあったボルドーにおいても、粗悪ワインが量産される事態に陥ってしまった。そのひとつの事例が、バルサックの悲劇である。

ボルドーは、赤ワインだけでなく、世界最高峰の甘口白ワインの産地としても知られる。そのアイコン的なワインが、ソーテルヌのシャトー・ディケムである。そして、そのソーテルヌに隣接する産地がバルサックだ。ソーテルヌほどの知名度はないものの、バルサックもまた、貴腐ブドウから生まれる甘口白ワインで高く評価されてきた産地である。

貴腐ブドウは、カビの一種を果皮上に繁殖させ、実をしぼませて糖分などの成分を凝縮させたものである。気候等の微妙な条件が求められ、栽培地はきわめて限定される。バルサックの生産者たちは、ワインの品質を維持するために、「パリュ」と呼ばれる湿地帯に植えられたブドウを用いたワインに原産地呼称を使用することをやめさせようと、裁判を提起した。湿地帯に植えられたブドウで高品質のワインを造ることは、およそ不可能だからである。

ところが、生産者たちにとって不幸なことに、一九三二年一月八日に下されたボルドーの裁判所の判決は、バルサックの生産者組合の訴えを退けるものであった[54]。裁判所は、栽培に不適当な湿地帯で栽培されたブドウを使った品質の劣るワインが原産地呼称を名乗ることを認めてしまったのである。そして、控訴院もこの判決を支持してしまう。

問題は湿地帯ワインにとどまらなかった。ボルドーの主要産地メドックでは、アメリカ系品種との交雑品種が次々に植え付けられていた。こうした品種は、フィロキセラや病害に対して抵抗力があり、産出量も多いのであるが、品質では伝統的なヨーロッパ系品種にはまったく及ばない。しかし、一九一九年法の下では、地理的要件さえ満たしていれば、品質が劣る交雑品種を使ったワインでも「ボルドー」という原産地呼称の使用が認められた。そして、ピノノワールの王国、ブルゴーニュでも交雑品種の畑が拡大していったのである。

司法の限界

一九一九年法は、産地画定を司法の判断にゆだねていた。この点も原産地呼称の保護が不十分なものにとどまる原因となった。

同法の第一条は、「ある『原産地呼称』が、直接・間接的に自分たちに損害を与え、(中略) その産地や、従来からの忠実な地元の慣習に反していると主張する者は誰でも、当該アペラシオンの使用の禁止を求めて、裁判上の訴えを起こすことができる」と規定している。

この規定によれば、「原産地呼称」の侵害が発生した場合には、その「原産地呼称」を侵害され、実際に何らかの損害を被った者——すなわち、正当に「原産地呼称」を使用する権利を有する善良なる生産者——が、自らの権利を守るために、裁判所に訴えを起こさなければならない。原産地呼称が侵害されても、権利を侵害された生産者が裁判を起こさないかぎり、その侵害は継続することになる。行政がその侵害者を取り締まるわけではないのである。

裁判による事後的な救済を原則としたため、原産地呼称の使用の可否をめぐる訴訟が数多く提起された。訴訟提起から終局的な判決が出されるまで数年かかり、裁判の遅滞は深刻であった。しかも、判決で産地が画定するまでは原産地呼称の不正使用が続く。ようやく控訴院の判決が出されても、その判決に対する破毀申立てが行われたときは、破毀院判決が下されるまで判決は停止することとなっていた。そこで、判決が確定するまでの時間稼ぎとして、破毀申立てがなされることもしばしばあったという[55]。このような産地画定の方法が原産地呼称の保護の観点から不十分であることは誰の目にも明らかであった。

一九二七年法による改正——「品質要件」の第一歩

一九一九年法は、やがて部分的に改正される。司法による産地画定という枠組みは維持しつつも、原産地呼称を使用する条件として、品質にかかわる最低限の要件を考慮すべきというのが改正の基本方針であった。

一九二七年七月二二日に制定された「原産地呼称の保護に関する一九一九年五月六日の法律の補足」という法律によって、一九一九年法に以下の条項が追加された。

・従来からの忠実な地元の慣習により認められた生産区域およびブドウ品種のものでなければ、いかなるワインにも地方または地域の原産地呼称を名乗る権利はない。
・生産区域は、原産地呼称ワインが生産される市町村または市町村の一部を含んだ場所である。
・直接交雑品種を用いたワインは、いかなる場合においても、原産地呼称を名乗る権利はない。

こうして、原産地呼称においては、地理的範囲だけではなく、ワインの品質にかかわる最低限の要件としてブドウ品種が考慮されることとなった。

ボルドーワインの品質低下を招いた交雑品種は、もはや原産地呼称ワインには用いることができない。原産地呼称ワインに用いることができるのは、その産地において「従来からの忠実な地元の慣習により認められた」品種に限られる。たとえ交雑品種でなくても、その産地で伝統的に用いられてきた品種以外の品種では、原産地呼称を名乗ることができないのである。

しかし、原産地呼称を使用する条件を最終的に決めるのは、相変わらず裁判所である。はたして裁判官は、いかなる品種が「従来からの忠実な地元の慣習により認められたブドウ品種」であるかを適切に裁定できるのだろうか。一九二七年の改正は、地理的範囲以外の事項までも裁判官の判断にゆだねることの限界を意識させることになった。

生産規制を免れるための原産地呼称ワイン

一九二九年一〇月二四日、ニューヨーク証券取引所で株価が大暴落し、これが引き金になって世界規模で金融恐慌が起こった。世界恐慌によってワイン市場は崩壊し、ワインの供給過剰と価格下落は生産者やネゴシアンを苦境に追い込んだ。

ボルドーでは、輸出市場の崩壊がネゴシアンを直撃した。有名シャトーを所有していた大ネゴシアンは、経営難に陥り、シャトーの売却を余儀なくされた。またメドックでは、一九二九年には一万七一〇〇ヘクタールあったブドウ畑が、一九三八年には一万三二八六ヘクタールにまで減少した[56]。

とくに深刻な生産過剰に陥ったのは、日常消費用ワインである。そこで生産抑制を目的として、一九三一年七月四日、ワイン生産規範法が定められた。生産者は、収量に応じた累進制の納付金の支払いを求められ、一ヘクタールあたり四〇〇ヘクトリットル以上の収穫がある場合には、部分的に出荷停止の対象となった。また、一〇ヘクタール以上の畑を所有する者や五〇〇ヘクトリットル以上のワインを生産する者は、一〇年間、ブドウの植え付けを禁じられた。一定の量を超えて生産されたワインについては、アルコールへの蒸留を義務づけられた。アルコールを工業用途にまわしたり、ブランデーなど他の酒類の原料に用いたりすることにより、日常消費用ワインの供給抑制がはかられたのである。こうした措置は、こんにちのＥＵにおいても、しばしば実施されている。

一九三一年のワイン生産規範法は、日常消費用ワインについてのみ生産を抑制しようというものであったが、逆にいえば、「高級ワイン」を造りさえすれば、このような生産規制から免れることができた。ここでいう「高級ワイン」とは、いうまでもなく原産地呼称を名乗るワインのことである。

こうして、生産規制のかからない原産地呼称ワインにシフトする生産者が次々あらわれた。かれらは、規制を免れることだけを目的として、原産地呼称ワインの生産に着手したのである。上院議員ジョセフ・カピュスによれば、一九二三年には五〇〇万ヘクトリットル以下にとどまっていた原産地呼称ワインは、一九三一年には約一〇〇〇万ヘクトリットルに倍増。一九三四年になると、一六〇〇万ヘクトリットル近いワインが原産地呼称を名乗っていたという。[57]品質が伴わないにもかかわらず原産地呼称を名乗るワインが増えれば、その産地の評価は下がることになる。

個別立法による保護

ところで、一九一九年の原産地呼称法は、ワインのみならず、他の産品の原産地呼称をも対象としていた。チーズなどの産品についても、原産地呼称の侵害があった場合に、その呼称の保護を求めて裁判所に訴訟を提起することは可能であったが、実際に裁判にまで持ち込まれ、生産範囲や生産条件について裁判所が裁定を下すに至った事例は、かならずしも多くはなかった。

とくに有名な原産地呼称については、個別の法律によって保護された。フランスを代表するブルーチーズ「ロックフォール」をその典型的な例として挙げることができる。

ロックフォールの産地は、フランス南部アヴェロン県のロックフォール・シュール・スールゾン村である。ロックフォールの産地画定の試みは古くからあり、トゥールーズの高等法院による一六六六年の決定が知られている。その決定によれば、ロックフォールと名乗ることができるのは、ロックフォール村のコンバルー山の洞窟で生産されたものだけであって、それ以外の場所で製造されたものは、正当にロックフォールと称することのできない偽造品とみなされた。

ロックフォールの原産地呼称の保護を目的とする個別立法が制定されたのは、一九一九年法よりも後である。一九二五年七月二六日に制定されたその法律では、地理的要件に加え、原料や製造方法も原産地呼称の要件に組み込まれた。羊の乳のみを原料とし、製造方法および熟成を行う場所に関して「従来からの忠実な地元の慣習」に従って製造され、熟成されたチーズでなければ、ロックフォールという名称で、製造、販売、輸出、輸入等を行うことはできない、という基準である。

ロックフォールチーズ（photo: Dennis Mojado）

原産地呼称ごとに個別法を制定して保護することには限界があり、効率的ではない。しかし、地理的要件のみならず、産品の品質にかかわる重要な要素である原料や製造方法が要件に盛り込まれていた点は、注目してよいであろう。

名声の前提としての品質

チーズにもまして、原料や製造方法によって品質上大きな差が生じうるワインについては、なおさら品質にかかわる要件が求められるはずである。ワイン産地の名声は、その地理的な原産地のみによって基礎づけられているわけではない。保護されるべき原産地呼称とは、空疎な固有名詞ではなく、ワインの品質に裏打ちされたブランドとしての産地名でなくてはならないだろう。産地の名声をつくり出し、長い間支えてきたのは、そこで生まれるワインの品質であって、原産地呼称から品質要件を切り離すことはできないはずである。

原産地呼称の本質を品質要件に見出す立場からすれば、シャンパーニュを名乗るためには、たんに指定された地域内で収穫されたブドウを使うだけではなく、少なくとも発泡性を帯びていなければならないだろう。あの魅惑的なシャンパーニュの泡は、瓶内二次発酵という製造過程に由来する。これがシャンパーニュで伝統的に行われてきた独特の製法にほかならず、いかにシャンパーニュのブドウを使っていても、人為的にガスを注入して製造したスパークリングワインは、シャンパーニュたりえないのである。

では、瓶内二次発酵とはどのような製法なのだろうか。まず一次発酵によって通常のワインを造ったのち、「リキュール・ド・ティラージュ」（ワインに補糖し、酵母を加えたもの）を添加し、この段階で瓶に詰める。これを一〜三年程度貯蔵して二次発酵させたら、瓶をゆさぶりながら滓（おり）を徐々に瓶口に集めてゆき、瓶口部を冷凍液で凍らせ、いったん抜栓して凍った滓を取り除く。そして、目減りした分を、ワインに砂糖を加えた調味液（「門出のリキュール」と呼ばれる）で補充するという製法である。

シャンパーニュの品質の高さは、このような手間のかかる瓶内二次発酵製法に代表される製造技術の積み重ねによって担保されてきた。それを捨象してシャンパーニュを規定することはできないはずである。

シャンパーニュ以外のワイン産地でも、それぞれ継承されてきた伝統的な製法が存在する。原産地呼称ワインの品質は、こうした伝統的製法のほか、ある程度収量を抑えることによって可能になる原料ブドウの品質によって担保・維持されるものである。たしかに一九二七年法によってブドウ品種が考慮されることになったが、それは、品質要件を構成する要素の一部にすぎない。

シャンパーニュの地下セラー ワインの中の滓を瓶口に集めていく「ルミュアージュ」と呼ばれる工程。「ピュピトル」と呼ばれる台にボトルを差し、振動を与えながら回転させ、徐々に倒立させていく

裁判所の態度の変化

一九三〇年前後から、裁判所の態度に変化が見られるようになった。その先駆けとなったのが、品質概念を確認した画期的な判決として知られる、一九二九年六月二八日のアヴィニョンの裁判所の判決である。

舞台となったのは、コート・デュ・ローヌ南部を代表する有名産地シャトーヌフ・デュ・パプである。当時、シャトーヌフ・デュ・パプでは、他産地のブドウが持ち込まれるなど、不正行為が横行し、ワインの品質低下が重大な問題になっていた。そこで、シャトーヌフ・デュ・パプのシャトー・フォルティアのオーナーであったピエール・ル・ロワ男爵は、一九二四年にシャトーヌフ・デュ・パプの組合を、一九二九年にはコート・デュ・ローヌの組合を設立。産地偽装の防止と原産地呼称の保護強化に取り組んだ。

ル・ロワ男爵は、この組合を率いて、原産地呼称の保護を勝ち取るべく裁判で闘った。そして、アヴィニョンの裁判所は、シャトーヌフ・デュ・パプの原産地呼称を使用するにあたって、地理的範囲と使用可能なブドウ品種だけでなく、最低アルコール濃度、ブドウの選別が必須であるといった品質にかかわる基準までも、考慮すべきとしたのである。この下級審判決は、破毀院の一九三三年一一月二一日の判決でも支持された[58]。

裁判所が、たんに地理的範囲だけでなく、品質にかかわる事項までも原産地呼称を使用する条件に含まれるべきと判断したことは、一九三五年のデクレ＝ロワ（後述）に影響を与えたといわれている。また、品質要件は生産者自身の手によって規定されるべきだという原則も、この裁判闘争から生まれた考え方であった。

このように裁判所の姿勢に変化が生じた背景には、一九二七年の法改正によって、「原産地呼称」を名乗る条件として、ブドウ品種というワインの品質の根幹にかかわる要件が必須になったことが関係している。その後、一九三四年一二月二四日の法律では、いくつかの交雑種（ノア、クラントン、イザベルなど）の栽培が禁止されている。この措置については、原産地呼称ワインであるかどうかにかかわらず、特定の交雑種の栽培を一般的に禁止することで、低品質ワインの排除をめざす方向性を見ることができるだろう。

また、一九三一年のワイン生産規範法によって日常消費用ワインの生産量に制限が課されるようになった結果、「原産地呼称」の濫用とでもいうべき事態が生ずるにいたった。このことも、裁判所の態度を変化させるのに影響した可能性がある。そうした事態が放置され、品質の劣る粗悪なワインまでも、ただその産地内で生産されたというだけで「原産地呼称」を名乗ることが許されるのであれば、いつしかフランスワインの名声も地に堕ちてしまうだろう。原産地呼称を名乗るためには、地理的要件だけではなく、品質要件も満たすべきであるという気運が確実に広まりつつあった。

しかし、品質要件を規定するとはいっても、いったい誰がその要件を適切に定めることができるのか。一九〇八年法による行政主導の産地画定は挫折し、一九一九年法にもとづく裁判による産地画定も失敗は明らかであった。

４　「コントロール」される原産地呼称へ

ＡＯＣ法の制定——一九三五年七月三〇日のデクレ＝ロワ

ＡＯＣ法の生みの親は、もともとジロンド県選出の下院議員で、のちに上院議員となったジョセフ・カピュスである。かれは、当時一六〇〇万ヘクトリットルもあった原産地呼称ワインの生産量を適切な量に抑え、五〇〇万〜六〇〇万ヘクトリットルに減らすことが必要だと考えていた。

カピュスは、原産地呼称ワインをしかるべき品質を備えたものに限定するためには、ブドウの生産地域や品種だけを要件とするのでは不十分であって、ワインの品質にかかわる要件、すなわち、一ヘクタールあたりの収量や、最低アルコール濃度といった生産基準まで課すべきだと主張した。

またかれは、生産基準の決定方法について、それぞれの生産地に設立された原産地呼称の保護組合が中心となって、行政の専門家の協力を得ながら決定するのが適切であると考えた。その生産地のワインについて、いちばんよく理解しているのは、裁判所ではなく、ほかならぬ生産者である。行政でもなく、裁判所でもなく、「造り手自身が品質要件を設定・管理すべき」という一九三五年のAOC法の基本原則の萌芽は、前述したル・ロワ男爵の着想によるものであった。

一九三五年三月一二日、カピュスは、コントロールされた原産地呼称、すなわち「アペラシオン・ドリジーヌ・コントローレ（Appellation d'Origine Contrôlée）」の法案を上院に提出した。Contrôlée が「統制・管理された」という意味であることはすでに述べたが、ここでいう「統制・管理」とは、まさしく品質の統制であり、品質の管理である。品質を管理するための指標としては、生産地域やブドウ品種のほか、一ヘクタール当たりの収量、ワインの最低アルコール濃度など、栽培・醸造方法に関する事項があげられた。

カピュスが提出した法案は、AOC法、すなわち、一九三五年七月三〇日のデクレ＝ロワとして成立した。デクレ＝ロワとは、一九三〇年代に多用された立法の形式である。本来、法律（ロワ）は、議会が所定の手続きにしたがって制定したものでなければならない。しかし、第三共和制期の当時、議会は、機能不全に陥っており、適切に立法できない状態が続いた。議会は、政府に立法を丸投げするようになり、議会における立法手続きを省いたデクレ＝ロワによる立法が常態化していたのである。しかし、デクレ＝ロワは、議会を経ずに政府が制定したデクレ（政令）でありながら、法律としての効力をもっていた。一九三五年七月三〇日のデクレ＝ロワも、まさしくそうだった。

一九三五年のデクレ＝ロワは、ＡＯＣを管理する機関の設置を定めた。ワイン・蒸留酒の原産地呼称全国委員会（Comité National des Appellations d'Origine、略称ＣＮＡＯ。のちの全国原産地・品質管理機関〈Institut National de l'Origine et de la Qualité、略称ＩＮＡＯ〉）がこれである。

その第二一条では、原産地呼称の一区分として、従来のたんなる「原産地呼称」とは異なる「コントローレ（Contrôlée、統制・管理）」された原産地呼称という新たなカテゴリーを創設した。これがＡＯＣである。第二一条は、続けて以下のように規定している。

> 全国委員会（ＣＮＡＯ）は、関係する組合の意見をもとに、各ＡＯＣワインおよび蒸留酒に適用される生産条件を定める。この条件に含まれるのは、生産地域、ブドウの品種、一ヘクタール当たりの収量、および、ブドウの栽培・醸造・蒸留の過程で何も加えない自然の製造を前提とするワインの最低アルコール度である。（中略）各ＡＯＣワインの生産に課せられた条件に適合していなければＡＯＣの呼称で販売することはできない。

このように、一九三五年のデクレ＝ロワによれば、指定された生産地域で栽培され、かつ指定された品種のブドウを使っていても、各ＡＯＣで決められた収量、アルコール濃度、栽培・醸造方法といった要件を満たしたワインでなければ、ＡＯＣを名乗ることは許されない。一九一九年法では欠落することになってしまった品質にかかわる生産要件が、ここでは明確に規定されたのである。

品質要件が課されている以上、かりに指定された生産地域で栽培されたブドウのみを使い、指定された品種を使った場合であっても、決められた収量を上まわってしまったり、あるいは、ブドウの糖度が低く十分なアルコール濃度が得られなかったりしたときは、もはやＡＯＣの呼称を付して販売することはできない。生産者は、ＡＯＣを名乗るために、決められた収量を超えないようにブドウの収穫量を調整しなければならないし、アルコール濃度の基準を満たすことができるよう、十分に熟して糖度が高まったブドウを収穫する必要がある。

またデクレ＝ロワは、ブドウ栽培や醸造、あるいは、蒸留の過程で何も添加しない自然な製造を前提とすべきことを要求している。模造ワインの製造は、これ以前の法律でも禁止されていたが、この規定は、水、砂糖、アルコール、香料、着色料などを添加したものは当然ＡＯＣワインから排除されることを宣言したものである。

品質要件の要となる生産地域の画定と生産基準の決定に造り手自身が携わる仕組みも、このデクレ＝ロワで取り入れられた。ＡＯＣ登録をめざす産地では、生産者組合が中心となって生産地域の画定が進められていく。各ＡＯＣの生産基準は、生産者組合の意見をもとにＣＮＡＯが決定し、これを政府がデクレ（政令）の形式で制定するというように定められた。生産基準は最終的には政令に規定されたが、その内容には、生産者組合の意向が反映されることとなったのである。

ＡＯＣ制度のスタート

かくして、産地偽装を防止し、産地の呼称を保護するための原産地呼称制度の完成形が、ここに姿をあらわした。こんにちフランスならびにＥＵ域内で制度化されている原産地呼称は、このデクレ＝ロワを直接的な起源とする。

それぞれのＡＯＣで定められた生産要件を満たしたワインのみが、産地名とコントローレという語をラベル表示に用いることができる。「アペラシオン・ドリジーヌ・コントローレ（Appellation d'Origine Contrôlée）」の「d'Origine」のところに産地の呼称を入れて「Appellation Bordeaux Contrôlée」のように表示したものがそうである。この場合は、「ボルドー」という産地名がＡＯＣとして保護された名称であることを示している。[59]

一九三五年のデクレ＝ロワの制定を受け、フランス各地のワイン産地が次々とＡＯＣに登録された。最初に登録されたのは、フランス東部ジュラ地方のワイン産地アルボワであり、一九三六年五月一五日の政令によって登録された。赤・白・ロゼのほか、ヴァン・ジョーヌ（白ワインを樽で長期熟成させたワイン）も生産されている。アルボワに続いて、ボルドー、ブルゴーニュ、シャンパーニュをはじめとするフランス国内の主要なワイン産地が登録された。一九三六年六月から一九三七年一一月までの間に登録されたＡＯＣの数は、一一〇件にのぼる。[60]

ところで、一九三五年のデクレ＝ロワは、一九一九年法に取って代わるものではなかった。一九三五年以降も、一九一九年法は廃止されず効力をもち続けた。繰り返しになるが、一九三五年のデクレ＝ロワでは、一九一九年法の定める原産地呼称に「コントローレ」という一区分を創設した、という形になっているのである。

このため、一九三五年のデクレ＝ロワにもとづいて登録される「統制・管理された原産地呼称」たるAOCと、一九一九年法にもとづく「(統制・管理されていない) 原産地呼称」が並存する状態となった。前者は品質要件を含む生産基準に適合するワインでなければ名乗ることはできないが、後者もそのまま存在し、生産者が自由に名乗ることのできる呼称として引き続き認められた。

統制・管理されていない原産地呼称の使用が認められる限り、統制・管理された原産地呼称の保護は中途半端にならざるをえない。したがって、保護を徹底するためには、統制・管理されていない原産地呼称をなくしていく必要があった。一九四二年になって、この並存状態がようやく解消されて、AOCへの一本化が実現する。このような移行期間を経て原産地呼称の国内保護体制が整い、AOC制度の本格的運用がはじまった。

限定されたワインとしてのAOC

当初、AOCワインの生産量は限定されていた。前述のように、一九三五年のデクレ＝ロワの制定にあたって、上院議員カピュスは、原産地呼称ワインを高品質のものに限定し、適切な量に抑えるべきだと主張していた。品質要件を欠く一九一九年法の下では、品質が伴わない原産地呼称ワインがあまりにも多く、粗悪なワインによって、その産地の評価が下がることもしばしばあったからである。

一九三九年九月、ドイツ軍がポーランドに侵攻したことを受けて、フランスはイギリスとともに、ドイツに対して宣戦を布告。一九四〇年五月、ドイツ軍はフランスへの進撃を開始し、六月一四日にパリに入城、ペタン元帥は降伏を決断して休戦協定に調印し、第三共和制は崩壊した。パリを含むフランス北部はドイツ軍の占領下に置かれ、フランス南部にはドイツの傀儡(かいらい)政権であるヴィシー体制が成立した。

しかし、以後、一九四四年のフランス共和国臨時政府の成立、そしてパリ解放にいたるまで、原産地呼称制度はそのまま維持され、AOCワインの生産は続けられた。フランスのワイン生産者たちは、ドイツ軍によるワインの徴発から逃れようとするが、隠しきれないときは、ワイン通の高級将校には本物のワインを送る一方で、下級兵士用とわかると、ワインを水で薄めたり、ラベルを貼り替えて高級ワインに見せかけたり、あるいは、不作の年のワインを送ることもあったという。

第二次世界大戦後も、しばらくの間はフランスワインの全生産量に占めるAOCワインの割合に大きな変化はなかった。フランス史研究者マルセル・ラシヴェールの示すデータによれば、一九五〇年には、フランス全体で六一五〇万ヘクトリットルのワインが生産されている。[61] このうちAOCワインの生産量は六六〇万ヘクトリットル、全生産量の一〇パーセント強にすぎない。生産量に増減はあるが、一九五〇年代末まではだいたい一〇パーセント程度の生産量にとどまっている。

下位カテゴリーVDQSの創設

このように、AOCワインの生産量が限定されている以上、大多数のワインは非AOCワイン、すなわち、付加価値の低い「日常消費用ワイン」という位置づけに甘んじなければならなかった。

しかし、非AOCワインとはいってもさまざまなものがあって、実際には、一般の日常消費用ワインに比べて品質が高く、産地の範囲が限定されたワインも存在する。そこで、こうしたワインについて、その原産地や品質を保証し、日常消費用ワインとは異なるものとして差別化し、付加価値を高めることをねらって新設されたカテゴリーがＶＤＱＳ（Vin Délimité de Qualité Supérieure）、すなわち、「原産地名称上質指定ワイン」である。ＶＤＱＳは、ＡＯＣの格下のカテゴリーとして、ＩＮＡＯの前身であるＣＮＡＯの主導により第二次世界大戦中に登場し、戦後、一九四九年一二月一八日の法律で公式に認められた。

この一九四九年の法律にもとづき、ＶＤＱＳに認定されたワインには、ＶＤＱＳ独自のラベルが貼り付けられ、それが原産地や品質の証となった。ＶＤＱＳの名で販売したり販売用に流通させたりするには、関係する組合が発行するラベルを貼付しなければならない。

ＶＤＱＳワインの生産条件やラベルの発行方法は、ＩＮＡＯの提案にもとづき、ＶＤＱＳの全国組織の意見を聴いて、農業省の省令によって決定される。ＩＮＡＯの提案により、生産条件を定めることが必須となっているのは、ＡＯＣワインと同じである。

さらに、一九四九年の法律にもとづいて制定された一九六〇年一一月三〇日のデクレは、ＶＤＱＳの生産条件に含まれていなければならない事項として、「生産地域、品種、自然なワイン醸造により砂糖を添加することなく得られる最低アルコール度、必要な場合にはブドウ栽培方法とワイン醸造方法」を掲げている。これらの事項は、ＡＯＣワインの登録に際して一九三五年のデクレ＝ロワが要求していたものとほとんど同じである。

このようにＶＤＱＳは、ＡＯＣよりも格下という位置づけでありながらも、ＡＯＣと同様に、生産地域のみならず、品種や最低アルコール度、栽培・醸造方法といった品質にかかわる生産基準まで取り入れることが求められた。ＶＤＱＳの導入は、限られた量しか生産されていないＡＯＣワインに準じたカテゴリーとして、一般の日常消費用ワインとの差別化を行い、付加価値の向上をはかる試みであった。ＶＤＱＳは、高品質ワインの範囲を広げる役割を果たしたといえよう。

大寒波と推奨品種への改植

ＡＯＣワインの生産量が限られていたのは、そもそも生産基準を満たしうるブドウ品種の栽培面積が少なかったことにも原因がある。一九五〇年代後半になっても、フランスでは、フィロキセラ対策で植えられた品質の劣る交雑種のブドウが、全栽培面積の二五パーセントを占めている状態であった。[62] しかも、一九三四年一二月二四日の法律によって栽培が禁止されたはずの交雑種（ノア、クラントン、イザベルなど）さえも、まだ三万ヘクタールほどが、引き抜かれずにそのまま残っていた。これは当時のフランスの全ブドウ畑の三パーセント近い割合である。

交雑種としてよく知られているのは、ロワール地方などで栽培されていたバコやセイベル[63]といった品種である。これらの交雑種はＡＯＣワインにはもちろん使用することができない。現在では、交雑種の栽培面積は五パーセント未満にとどまり、もっぱら自家消費用のワインに用いられ、販売用のワインに使用されることはない。ただし、交雑種のなかでもバコ・ブランは、例外的に蒸留酒アルマニャックの原料として使用することが認められており、栽培が続けられている。

こうした交雑種や低品質のブドウ品種が、高品質のヴィティス・ヴィニフェラ種に植え替えられ、

現在のボルドー右岸のブドウ畑。メルロやカベルネフランが多く栽培されている

結果としてAOCワインの生産量が増加するきっかけとなったのは、皮肉にもフランスを襲った大寒波であった。

一九五六年二月、フランスは三週間にわたって大寒波に見舞われ、ブルゴーニュではマイナス二五度まで気温が下がった。ブドウ畑は壊滅的な被害を受け、植え替えを余儀なくされた。ボルドー左岸のメドックでは、厚く降り積もった雪がブドウ樹を寒波から守り、被害は限定的であったが、雪がほとんど積もらなかった右岸のポムロールでは、ヴィエイユ・ヴィーニュ（高齢のブドウ樹）を中心に五〇～八〇パーセントもの畑が壊滅的な被害を受けたという[64]。

政府は、大寒波を機に、収穫量が少なくても高品質のワインを生む高級品種の植え付けを推奨する政策を打ち出した。寒波の被害の大きかったボルドー右岸では、メルロとカベルネフランが植え付けられ、それまで栽培されていたマルベックはほとんど姿を消した。トラクターや機械を用いた作業を容易にするために、植え付けにあたって、畝の間隔が広げられたところも多かった。

一九五六年の大寒波以降、高級品種への植え替えが進められたことにより、一九六〇年代になると、ＡＯＣワインの割合が徐々に増加していく。豊作となった一九六二年には、ＡＯＣワインの生産量は、一〇〇〇万ヘクトリットルを超えた。もっとも、同年のフランスの総生産量は七〇〇〇万ヘクトリットルであるから、全体から見るとＡＯＣワインは、この当時でも、まだ限られた量にとどまっていたといえよう。

ラングドックのＡＯＣ昇格——農相シラクの政策

ＡＯＣワインの生産割合が劇的に増えたのは、日常消費用ワインの主力生産地であった南仏ラングドック地方のワイン産地が、ＡＯＣに昇格するようになってからである。

一九世紀半ばの鉄道開通によって大消費地パリと結ばれ、ワインの供給地となったラングドックでは、以来生産量が大幅に増大し、いわばフランスのワイン工場とでもいうべき産地となった。一時はフィロキセラの被害を受けたものの、高収量で病虫害に強い北米系の品種や交雑種が植え付けられ、収穫量はますます増加した。しかし同時に、大量に生産されるラングドックのワインは、供給過剰の原因とも指摘されてきた。

他の代表的なフランスワイン産地がＡＯＣに登録されるなか、一九三五年以降も安ワインの生産地という地位に甘んじていたラングドックであったが、供給過剰状態にあった日常消費用ワインとは明確に区別されるような、高品質ワインの生産をめざす動きがみられるようになる。

ラングドックにはＶＤＱＳに登録されたワイン産地もあったが、ＶＤＱＳ自体が中途半端なカテゴリーであったことが災いして、販売上のメリットはあまりなかった。地位向上のためには、VDQSではなく、最上位のカテゴリーであるAOCへの昇格がどうしても必要であった。

輸入ワインとの競合に加え、国内の消費減にともなう販売不振によって、日常消費用ワインは構造的生産過剰に陥っていた。生産者たちは、高品質ワインの生産をめざすほかなかった。しかし、AOCに登録されるためには、高級品種を植え付け、収量も抑えなければならない。

現在のラングドック地方のブドウ畑

そうした状況を打破して、その後ラングドック諸産地の多くがAOCに昇格するようになったのは、ジャック・シラクの貢献があったからだといわれている[65]。のちの一九九五年にフランス大統領となるシラクであるが、当時は、ポンピドゥー政権下で農相を務めていた。一九七二年、農相に就任したシラクは、ラングドックのワイン産業を立て直すための施策の検討に着手。農相在任中に発表した一連の政策は、「プラン・シラク」と呼ばれている。

このプランでは、日常消費用ワインの生産量を減らすための方策として、約一〇万ヘクタールのブドウ畑を再編し、推奨品種への改植や減反を奨励することが提案された。また、品質向上を目的とする新たな醸造設備の導入促進や販売経路の簡素化もめざされた。こうした政策は、後にラングドックの諸産地がＡＯＣに昇格することを後押しするものとなった。

ラングドックで広く栽培されていたのは、アラモンと呼ばれる赤ワイン用の品種であった。高収量で栽培の容易な、いわば安ワインの主役たる品種であったが、その品質は劣っていた（アルコールを添加しなければならないほど風味が軽いものだったことは前述した）。また、収穫量の多いカリニャンもさかんに栽培されていた（もっとも、最近では、カリニャンを用いた高品質ワインも造られている）。これらの多産品種を引き抜いて、新たに、シラー、グルナッシュ、ムールヴェードルといった推奨品種が植え付けられた。ラングドックでは植え替えを促進するために、一般の品種よりも推奨品種の買い取り価格を高く設定した協同組合もあった。

このような品質改善の取り組みは功を奏し、一九七〇年代後半になって、ラングドックやルシヨンにもＡＯＣが誕生したのである。一九七七年三月二八日のデクレによってＶＤＱＳからＡＯＣに昇格したコート・デュ・ルシヨンがそのひとつである。

コート・デュ・ルシヨンは、フランスの最南端でスペインと国境を接するピレネー・ゾリアンタル県のワイン産地である。現在の生産基準書によれば、赤ワインにおいて使用可能な主たるブドウ品種は、カリニャン、シラー、グルナッシュ、ムールヴェードル。カリニャンは、使用が認められているものの栽培面積の上限が設定され、アラモンの使用は認められていない。基本収量は、一ヘクタール当たり四八ヘクトリットルと規定されている。ＡＯＣボルドーやＡＯＣポイヤックよりも厳しい基準である。

　南仏は温暖で乾燥しており、フランス国内ではブドウ栽培にもっとも適した地域のひとつだといわれている。ブドウはよく熟し、糖度も上がりやすい。収量などについて有名産地よりも厳しい基準が設定されたのは、生産過剰に陥っている日常消費用ワインとの違いを明確にし、厳格な基準の下で生産される高品質ワインの産地としての評価を確立するねらいがあったためである。

ミッテラン政権下のラングドック

　ラングドックの諸産地のＡＯＣ昇格にはシラクの貢献があったことを述べたが、ミッテラン政権の誕生とも深いかかわりがある。

　社会党のフランソワ・ミッテランは、一九八一年の大統領選挙で現職のジスカール・デスタンを破って大統領に就任。ラングドックが社会党の地盤だったこともあって、ミッテラン政権の誕生は、ラングドックのＡＯＣ昇格へ追い風となった。ＩＮＡＯの会長には、ラングドックの昇格に賛同する人物が就任するようになり、一九八四年にはラングドックの中心都市モンペリエでＩＮＡＯの年次総会が開催された。

　ＡＯＣワインの生産量を限定しようとする立場からは、ＡＯＣの価値低下を懸念してラングドックの昇格に反対する声も少なくなかった。[66] ＡＯＣが誕生した経緯に鑑みれば、むやみにＡＯＣを増やすことには慎重にならざるをえないのも無理からぬことであった。

　その後、ラングドックの代表的産地であり、とくに優れたワインを産するオード県のミネルヴォワが、一九八五年二月一五日のデクレにより、AOCに昇格。ラングドックのなかでも丘陵地に位置する当地は一九五一年にはVDQSに登録されており、以前から厳格な生産条件が定められていた。また、高級品種への改植もいち早く実施されていた産地である。

一九八五年一二月二四日のデクレにより、ラングドックの主要ワイン産地の大部分をカバーする、AOCコトー・デュ・ラングドックが誕生した。生産範囲は、エロー、オード、ガール、ピレネー・ゾリアンタルの四県に及び、栽培面積はトップクラスの規模である。同日のデクレにより、オード県のコルビエールもAOCに昇格。このように、ラングドックでは一九八〇年代半ばにAOCワイン生産地が一気に拡大し、それにともなってフランス全体のAOCワイン生産量が増加していく。

大量生産の安ワイン産地というイメージが定着していたラングドックでは、ボルドーやシャンパーニュといった有名産地の場合とは事情が異なっていた。産地偽装を防ぐ手段としてAOCを活用しようとしたわけではなかったのである。ラングドックの生産者が抱える最大の問題は販売不振であり、AOC昇格のねらいは、付加価値の向上と競争力の強化にあった。AOCを、高品質ワインの証として求めていたのである。[67]このように、AOCは、名声や社会的評価を守るためだけでなく、産品に付加価値と競争力を与えるものとしても活用されうるのである。

ヴァン・ド・ペイの誕生

かつてフランスには、「ヴァン・ド・ペイ（vin de pays）」と呼ばれるカテゴリーのワインが存在していた。第二次世界大戦中にVDQSが登場したのは前述のとおりであるが、その下に設けられたのが、一九六八年九月一三日のデクレに定められたヴァン・ド・ペイである。

ヴァン・ド・ペイは、そもそもAOCやVDQSとは根本的に異なり、カテゴリー上は、日常消費用ワインの「テーブルワイン」に位置づけられる。しかし、法律上のAOCワインやVDQSワインの規定を満たすものではなくても、たとえば国際品種などを使って、生産者の努力次第で高品質ワインが生まれる場合もある。そこで、AOCやVDQSには該当しないが生産地域がある程度限定され、一定の生産基準に則って生産されたワインについて、ヴァン・ド・ペイとして産地の名称を登録する制度が設けられたのである。

ちなみに、「ペイpays」というフランス語は、国を意味することもあるが、ヴァン・ド・ペイの「ペイ」は特定の地方ないし地域の意味であり、かならずしも行政区画とは一致しない（強いてたとえるならば、日本でいう「東北地方」や「九州地方」というときの「地方」の概念に近い）。

通常、AOCやVDQS以外のワインは産地名を表示できないのが原則であるが、一九六八年九月一三日のデクレによれば、ヴァン・ド・ペイは、県名や地域名を名乗ることができる。ただし、県名ヴァン・ド・ペイはその県で、地域名ヴァン・ド・ペイはその地域内で生産され、いずれも各デクレに定められた生産条件に適合するワインでなければならない。また、その生産条件は、生産者団体の意見やヴァン・ド・ペイの全国機関の意見を徴した後で、農業省および予算省の報告書にもとづいて定められ、生産条件や分析・官能検査の基準が規定されることになっていた。その後、一九七九年九月四日のデクレで推奨品種の収量、天然アルコール濃度、無水亜硫酸の上限などが定められた。

ヴァン・ド・ペイと上位カテゴリーのワインとの違いは、生産基準がAOCのそれに比較してかなり緩やかなことである。たとえばブドウ品種については、ＡＯＣではその産地で旧来から栽培され、その産地の個性を強く反映する特定の品種に限定されるのが一般的であるが（ＡＯＣブルゴーニュでは、ピノノワールとシャルドネ、ＡＯＣサンセールでは、ピノノワールとソーヴィニヨンブランというように）、ヴァン・ド・ペイでは、ＡＯＣのような厳しい縛りはない。生産者が比較的自由に栽培品種やブレンド比率を選ぶことが認められているのである。

ヴァン・ド・ペイの「セパージュ」志向

このようなヴァン・ド・ペイのコンセプトは、やがて世界を席捲（せっけん）する新世界ワインのそれに共通する側面がある。

使用するブドウ品種について大きな自由を認めている点において、すなわち土地と品種の伝統的関係を絶対的・排他的なものと考えるのではなく、従来とは異なるものでも土地に合う優良品種を用いて優れたワインを造り得ると考える点において、産地よりも品種を強調する「セパージュ」主義的な思想と親和的である。ヴァン・ド・ペイは、フランスにありながらも、伝統的なワインとは異なる、新しいスタイルのワインを生み出す可能性も秘めていたのである。

一〇年くらい前までは、日本でもヴァン・ド・ペイはおなじみのワインであった。そのなかで、もっともよく知られていたのは、おそらくヴァン・ド・ペイ・ドックであろう。[68] 一九八七年一〇月一五日のデクレによれば、ヴァン・ド・ペイ・ドックの生産地域は、ラングドック地方全域に広がっており、オード県、ガール県、エロー県、ピレネー・ゾリアンタル県が含まれる。その範囲は、ＡＯＣコトー・デュ・ラングドックと重なっているが、品種の選択の幅は広く、カベルネソーヴィニヨンやメルロといったボルドー系の品種やシャルドネというブルゴーニュ系の品種の使用も認められている。

ヴァン・ド・ペイでは、品種の選択の幅が広いだけでなく、その品種名を表示することも認められた。たとえ知名度の低い産地のワインであっても、「メルロ」や「シャルドネ」などといった、誰でも知っている品種名が表示されていれば、消費者はこれを手がかりにして、ワインを選択することができる。ＥＵ域外の国々において生産されるワインの多くは品種名を表示しており、それらのワインとの競争においても、品種名の表示は重要な意義をもった。

ヴァン・ド・ペイは、前述のように、ＡＯＣやＶＤＱＳよりも格下ではあるが、産地名を名乗ることができるし、所定の生産基準の下で生産されるため、品質も保証されている。一般の日常消費用ワインよりも高い価格を設定することができ、なかにはＡＯＣワインよりも高いものも存在していた。ジルベール・ガリエによれば、ヴァン・ド・ペイの新設は、「テーブル・ワインのうち約三分の一を〈個性的に生まれ変わらせ〉、少なくとも二〇％〈価格を引き上げる〉のが狙いだった」という。[69] その結果、フランスにおける年間一人当たりのヴァン・ド・ペイ消費量は、一九七五年から一九九五年までの二〇年間で、六リットルから一八リットルへと三倍に増えた。ＡＯＣやＶＤＱＳを除いたテーブルワインカテゴリーのなかでは、その半分近くをヴァン・ド・ペイが占めるまでになったという。

ヴァン・ド・ペイといえば、ラングドックのイメージがあるが、実際には、ローヌ・アルプ地方、アキテーヌ地方、ロワール地方などフランス各地に誕生した。二〇〇八年のＥＵワイン法改革以降は、ヴァン・ド・ペイの表示は消滅してしまったが、ＥＵ法に定められた新しいワインのカテゴリーである地理的表示付きのＩＧＰワインにほとんど移行した。ＩＮＡＯによると、フランスでは、ＩＧＰペイ・ドック（従来のヴァン・ド・ペイ・ドック）をはじめとする七四のＩＧＰが登録されている。

原産地呼称制度の他品目への拡大

　ところで、原産地呼称といえば、ワインを対象とする制度がよく知られているが、保護されるべき原産地呼称はワインだけではない。前述のように、チーズやハムのような農産物や食品も、その社会的評価や名声ゆえに原産地呼称が侵害されることがあり、その保護が求められる点は同様である。

　フランスにおいて、ワインおよび蒸留酒の原産地呼称は、一九三五年のデクレ＝ロワによって、いち早く保護されるに至ったが、それ以外の農産物や食品の保護制度が整備されるまでには時間を要した。時系列的には先のことも含むが、一望しておく。

　一九一九年の原産地呼称法はワイン以外の産品の原産地呼称をも対象としていたものの、実際に産地画定や生産条件について裁判所が裁定を下すに至った事例はかならずしも多くはなかったこと、しかしながら、一部のチーズなどの原産地呼称については、個別法が制定され、品質要件も考慮するものがあったことは前述した。しかし、ワインにおけるＩＮＡＯのような機関による統制・管理が行われていたわけではなかった。登録され、保護される原産地呼称も、ワインほど多くはなかった。

　一九七〇年代以降になると、チーズの原産地呼称の登録が増えてくる。一九七〇年代半ばに「リヴァロ」「ヌーシャテル」「ポン・レヴェック」などが登録された。その後、一九八六年一二月二九日にチーズの原産地呼称に関するデクレが大量に制定されたが、このときに登録されたのが「マンステール」や「ブリー・ド・モー」である。

このような、個別法による原産地呼称の登録という方法は、必然的に産地および品質の保証制度を複雑化させた。その統制・管理体制も不十分であったことから、一九八〇年代末には、農業大臣アンリ・ナレによって制度改革が提案された。

改革は、INAOの権限を乳製品や農産物にも拡大する方向で行われた。一九九〇年七月二日の法律により、ワイン・蒸留酒委員会、乳製品委員会、そして農産物委員会という三つの全国委員会がINAOに設けられた。この一九九〇年法では、AOCの登録手続きも統一された。全国委員会の提案にもとづき、デクレの形式でAOCを登録するという手続きが定められ、INAOのみが、生産地域の画定、生産条件、産品の管理・統制の基準について提案を行う排他的権限をもつこととなった。

かくして、ワイン・蒸留酒以外の産品についても、一貫した保護制度が確立された。他方で、フランスの原産地呼称制度は、他のヨーロッパ諸国にも影響を及ぼしていく。次章では、ヨーロッパ統合下のワイン政策について見ていくことにしよう。

第3章

生き残りをかけた欧州の戦い

1　欧州統合下のワイン政策

第二次世界大戦から欧州統合へ

前章までは、不正ワインから「真のワイン」を守り、原産地呼称制度の導入によって産地のブランドを保護しようとする、フランスでの戦いを見てきた。そして、そのような取り組みは、フランスにとどまるものではなく、欧州統合の進展とともに、周辺のヨーロッパ諸国にも広がっていくこととなる。本章では、欧州統合がヨーロッパ諸国のワイン市場にどのような影響を与え、どのような政策がとられてきたのか、少し時代を遡って、第二次世界大戦直後から見ていくことにしたい。

フランスは、第二次世界大戦で戦勝国となったものの、他のヨーロッパ諸国同様、国家財政は危機に瀕していた。アメリカは、こうした状況を放置すればヨーロッパが共産主義へ傾倒しかねないというおそれを抱き、ヨーロッパを団結させる戦略をとり、経済復興に乗り出した。アメリカは、欧州復興計画、すなわち「マーシャル・プラン」を策定し、一〇〇億ドルを超える資金がヨーロッパ復興に投入された。

このようなアメリカ主導の復興政策とは別に、フランスとドイツでは、永年にわたる敵対関係を解消しヨーロッパに不戦共同体を構築しようとする、独自の動きもみられた。兵器製造に不可欠な資源である石炭と鉄鋼の共同管理を提唱したフランス人ジャン・モネがそのひとりである。

フランスの外相ロベール・シューマンは、このモネの着想を実現するべく、一九五〇年五月九日、シューマン宣言を発表する。これを受けて、一九五一年にパリ条約が締結され、一九五二年八月には、欧州統合の第一歩となる「欧州石炭鉄鋼共同体（ＥＣＳＣ）」が発足した。この共同体の設立条約に調印したのは、フランス、ドイツ（当時は西ドイツ）、イタリア、ベルギー、オランダ、ルクセンブルクの六ヵ国であった。

石炭と鉄鋼の共通市場を創設し、共通の機関を通じて協力し合うことで、戦勝国と戦敗国との間に平和的な関係を構築することが、そもそもの共同体設立のねらいであった。これに続いて、石炭や鉄鋼だけでなく、より広範な分野での統合がめざされるようになり、一九五七年三月、六ヵ国は「欧州原子力共同体（ユーラトム）」および「欧州経済共同体（ＥＥＣ）」の設立条約にローマで調印。その後、もともと別々の共同体であったＥＥＣ、ＥＣＳＣ、ユーラトムは、一九六七年に「欧州共同体（ＥＣ）」として再編成された。

関税障壁の撤廃

欧州共同体の主要な課題は、共同市場の設立であった。共同体内の域内通商に対するあらゆる障壁を取り除くこと、各加盟国の市場を単一市場に統合し、物・人・サービス・資本が域内国境を越えて自由に移動できる共同市場を実現することが、その目標である。もちろん、ここにいう「物」には、ワインも含まれる。

共同市場の設立によって、域内加盟国間の貿易における関税はゼロになった。これまでのように、輸入ワインに関税を課すことによって自国のワイン産業を保護することは、少なくとも共同体内では不可能になった。

また、関税同盟にもとづき、第三国との通商に対する対外共通関税が導入された。域外の国から酒類を輸入する場合には、フランスでも、ドイツでも、オランダでも共通の関税が課されることとなった。

このようにして関税障壁は早い段階で撤廃され、加盟国間の域内国境を物が通過するという事実にもとづいて金銭的負担が課されることはなくなった。他方で、現実には、物の自由移動を妨げる多くの非関税障壁は残されたままであった。差別的・保護的な内国税も残っていた。

関税が廃止されたとしても、国産品と比べて輸入品に不利な税負担が課されるのであれば、結局、国境で関税を徴収したのと同じである。それゆえ、ＥＵの基本条約は、差別的・保護的な性質をもつ内国税を禁止しているのである（現在のＥＵ機能条約第一一〇条）。

残された非関税障壁

アルコール飲料に課される内国税や非関税障壁は、ＥＣにおいてたびたび問題になっていた。直接的にワインにかかわる事例ではないが、ＥＣ裁判所が基本条約に違反すると判断した代表的な事例を紹介しておきたい。

まず、差別的・保護的な内国税にあたるかどうかが問題になった事例として、ウイスキーにブランデーより重い税金を課していたフランス法があげられる。フランス産の蒸留酒として有名なのは、ブドウから造られるコニャックやアルマニャックなどのブランデーであろう。実際、フランス国内で消費されるブランデーは、その多くがフランス産のものであり、フランス国外にも多くが輸出されている。これに対して、フランスではウイスキーの大部分を輸入に頼っていた。

ウイスキーもブランデーも蒸留酒であることには違いはないが、前者は穀物を原料とし、後者は果実が原料である。また、フランスではウイスキーは食前酒、ブランデーは食後酒とする習慣がある。多くが国産品であるブランデーに課される税金は軽く、大部分が輸入品であるウイスキーには重い税金が課されるというのは、差別的・保護的ではないのか。EC裁判所は一九八〇年、両者とも蒸留酒であって競合関係にあることを認め、フランスの法律は差別的・保護的な内国税を禁止したEC条約に違反すると判断した（Case 168/78）。

酒類に関するEC裁判所の判例としてもっとも有名なのは、一九七九年の「カシス・ド・ディジョン事件」判決であろう（Case 120/78）。ECの基本条約は、輸入品に対する数量制限を禁止し、それと同じ効果をもつあらゆる非関税障壁を禁止している（現在のEU機能条約第三四条）。「カシス・ド・ディジョン事件」で問題となったのは、ドイツ法の規制が数量制限と同じ効果をもたらす非関税障壁にあたるのではないかという点である。

カシスは、フランスのブルゴーニュ地方で造られているリキュールで、世界各地に輸出されている。日本の居酒屋では「カシスオレンジ」や「カシスソーダ」といったカクテルでおなじみである。また、当のブルゴーニュでは、アリゴテ種の白ワインとカシスを使った「キール」がお決まりの食

日本でも市販されているカシスリキュール。アルコール度は20パーセント程度

前酒である。だが、驚くべきことに、ドイツではカシスの販売が法律によって禁止されていたのである。

ドイツ法は、各種のアルコール飲料について最低アルコール含有量を定め、それを上まわるものだけ国内での販売を認めていた。この規定がカシスの前に立ちはだかっていたのである。果実原料のリキュールについては最低アルコール含有量が二五パーセントに定められ、これを下まわるものの販売は禁止されていた。カシス・ド・ディジョンのアルコール度数は、二〇パーセント程度であったため、ドイツ法の基準を満たすことができず、販売できなかったのである。

このようなドイツ法の規制について、ドイツ政府は「アルコール度の低い酒は、低アルコールゆえに大量に飲まれることになって国民にアルコール中毒をもたらす」として、規制は国民の健康保護のためのものであって正当であると主張した。

しかし、アルコール度の高い酒も水などで割れば濃度が低くなる。また、ワインやビールなどの醸造酒のアルコール度は、二五パーセントをはるかに下まわるが、ドイツでも販売が認められている。EC裁判所は、このようなドイツ法の規制について、この規制を満たさない他の加盟国の産品を自国市場から締め出す効果をもたらすものであって、条約に違反すると判断した。

この事例のように、EC裁判所は、各国の国内法の相違から生じる非関税障壁や差別的・保護的な内国税を排除し、域内市場の確立に寄与していく。数々の非関税障壁や差別的・保護的な内国税は、判例の蓄積とともに徐々に撤廃されていった。

非関税障壁は、蒸留酒やリキュールだけでなく、ワインにも存在していた。しかし、ワインについては、ＥＵの基本的自由である「物の自由移動」の原則と、知的財産権の保護の要請、すなわち、原産地呼称の保護との調整が問題となる。

共通農業政策に組み込まれたワイン政策

欧州統合は、農業分野でも進められた。ワイン産業は農業の問題として捉えられ、欧州共同体の共通農業政策の一環として、ワインにも共通市場制度が導入されることになる（ワイン共通市場制度の歴史については、安田まり「ＥＵの『ワイン共通市場制度（ＯＣＭ）』の歩みと２００８年の大改革」日本醸造協会誌一〇四巻一〇号、二〇〇九年、七五八頁以下に詳しい）。

しかしながら、ワインを共通農業政策に組み込むとはいっても、穀物や乳製品などの部門に適用される制度をそのままワインにも適用することには無理があった。ワインには品質や価格において著しい差があり、他の分野の産品に比べて多様性に富んでいる。そのような差異をまったく無視して同一の政策で取り扱うことは現実的ではない。

第二次世界大戦後のヨーロッパは、深刻な食糧危機に見舞われ、とくに穀物については、共通農業政策において、その安定的供給が主要な目標に掲げられた。しかし、ワインは穀物とは状況が異なっていた。共通農業政策の発足時から、すでに生産過剰の兆しがあったからである。ことに、大量に生産される安価な日常消費用ワインは、当初から供給過剰が懸念されていた。

こんにちのＥＵワイン法へとつながる「ワイン共通市場制度規則」が最初に制定されたのは、一九六二年四月四日であった（一九六二年規則24）。当時の加盟国は、原加盟国六ヵ国のみ。この規則は、わずか九条からなっており、その要点は、以下のようなものであった。

・一九六三年六月三〇日までに土地台帳（栽培面積、農業経営の形態、ブドウの品種などのデータが記載される）を作成すること。

・ワインおよびブドウ果汁の生産者に、その年の収穫量および在庫量を申告する義務を課すこと（フランスでは一九〇七年のラングドックの反乱を契機とする一連の諸立法によってすでに導入済みの制度であるが、イタリアでは、収穫量さえ把握できていない状況であったという）。

・共同体内の需要と供給量、域外の第三国からの輸入および輸出に関する予測を立てること。

・一九六二年一二月三一日までに「指定地域優良ワイン」（ＶＱＰＲＤ）に関する共同体規則を定めること（生産地域の画定、品種、栽培方法、醸造方法、最低天然アルコール度、一ヘクタール当たりの収量、官能上の特徴の評価と分析を要する等）。

ここで土地台帳が導入されたり、収穫量や在庫量の申告が義務づけられたりしたことの背景には、ワインの生産状況を把握、管理するとともに、その生産量を抑えようという意図が当初からあったものと考えられる。

ワイン政策をめぐる当初の合意

ワインの共通市場制度は、一九六二年の規則にしたがって準備が進められていくが、まず加盟国全体として取り組むべき事項と、各加盟国の裁量に任される事項が定められた。基本的な合意が得られたのは、以下の三点についてであった。

第一に、共通市場制度の導入後も、各国の伝統的な慣行を維持し、尊重していくことが、まずもって確認された。

第二は、六二年規則によって、ワインを二つのカテゴリーに分類し、これらを法的に区別することで合意が得られた。ひとつはＶＱＰＲＤ（Vin de Qualité Produit dans une Région Déterminée）であり、もうひとつは、これに該当しない日常消費用ワインのカテゴリーである。このうち、本書では、前者のＶＱＰＲＤワインを「クオリティワイン」と呼び、後者を「テーブルワイン」と呼ぶこととする。

クオリティワインの格付けや要件については加盟国の裁量が認められる一方で、テーブルワインについては共通政策を策定することとなった。六二年規則第四条は、クオリティワインにつき「伝統的な生産条件を考慮すること」との規定が置かれていたが、これは加盟国に裁量を認める趣旨である。クオリティワインの生産条件については、「従来からの忠実な慣習」に鑑みて、個別の条件を追加する権限が加盟国に認められた。

これに対し、テーブルワインについては、生産過剰を防ぐため、加盟国には裁量を認めず、共同体内で共通政策がとられる。なお、テーブルワインは、クオリティワインのように生産地域が限定されたり、特別な生産基準が課されたりするものではない。水の添加禁止、特定品種の使用禁止といった一般的な法規制が課されるのみである。

第三の合意点は、ブドウの植え付けの自由を認めることである。この点については、合意というより妥協といったほうがよいかもしれない。フランスは、生産過剰を懸念し、植え付けの制限を求めていたが、イタリアはこれに反対し、競争力強化のために植え付けの自由を認めるべきだと主張した。両国の対立については後述するが、最終的には、フランスが譲歩し、イタリアの主張が受け入れられる形になった。もっとも、完全なる自由が認められたわけではなく、生産状況の把握が加盟国に義務づけられたことで、ブドウ栽培の管理が強化される可能性もあった。

フランスの主張

共同体の発足時は、当初の加盟国六ヵ国だけで、全世界のワインの生産量の半分以上が産出されていた。しかし、ワインの政策をめぐって、これら六ヵ国の立場には、根本的な違いがあった。

フランスとイタリアは伝統的なワイン生産国であり、今も昔も大量のワインを輸出している。これに対して、オランダやベルギーは、冷涼な気候ゆえに国内でワインを産出することは容易ではなく、もっぱら輸入に依存してきた。ドイツはワイン生産国であるが、その生産量は限られており、赤ワインを中心に多くを輸入している。ルクセンブルクは、加盟国六ヵ国のなかで、人口、国土面積とも最小であるが、モーゼル川流域で良質のワインを産出する生産国であり、農業生産額全体に占めるワインの割合はかなり大きい。

ワインの共通市場制度は、一九六二年の規則をもって直ちに発足したわけではなかった。その制度が実際に動き出すのは、一九七〇年になってからである。では、なぜスタートが遅れたのであろうか。この点に関して、『ワインと政治』の著者アンディ・スミスらは、二つの理由を指摘している。[70]

第一の理由は、フランスの植民地であったアルジェリアの独立問題である。一九六二年三月、フランスとアルジェリア民族解放戦線（ＦＬＮ）との間で、アルジェリアの独立を承認するエヴィアン協定が締結された。フランスは、この協定によって、一九七〇年まで毎年七〇〇万ヘクトリットルものアルジェリア産ワインを輸入することを義務づけられてしまった。この輸入義務が解消されるまでは、共通市場制度を発足させることはできないと考えられたのである。

第二は、六つの加盟国のうちワイン生産国、フランス、イタリア、ドイツ、ルクセンブルク各国間のコンセンサスを得るのに時間がかかったことである。これらの国は、それぞれ国内法によって独自のワイン法を定めており、市場介入の態様や考え方にも際立った相違があった。各国は、自国の法制度の維持にこだわっていたため、なかなか妥協にいたらなかったのである。

フランス政府は、共同体のワイン共通市場制度においては、フランスの制度こそが模範とされるべきであると主張した。フランスでは、過剰生産への警戒からブドウ栽培には行政による統制が行われてきた。ブドウを新たに植え付けることや栽培することのできるブドウ品種は制限され、生産量の申告も義務づけられてきた。加えて、厳格な市場管理制度が採用されており、価格下落の徴候があればワインの出荷を一時停止し、供給過剰になれば余剰ワインの蒸留が実施されるといった、種々の介入措置が設けられていた。

すでに見たように、フランスは、一九世紀末から二〇世紀初頭に不正ワインや産地偽装が横行した苦い経験をふまえ、厳格な原産地呼称制度を導入していた。ＡＯＣ制度の下で、優良ワインの産地呼称や品質の統制・管理を行ってきたのである。フランスは、共同体レベルでもこのような制度の導入を求め、クオリティワインとテーブルワインとを法的に区別すべきことを主張した。

錯綜する加盟国の利害

同じ生産国でも、イタリアの主張は、まったく異なっていた。イタリアワインは、フランスワインに比べて概して安価であり、フランスのような厳格なワイン法は存在しなかった。フランスとは対照的に、イタリアのワイン法の下ではブドウの新規植え付けは自由であり、生産量を調整する制度も、市場における供給過剰を防止する行政措置も機能していなかった。生産地域の調査報告はしばしば不正確で、古いまま更新されていないこともあったという。

イタリアでも、一八世紀に、ワインの産地画定が試みられた事例はあるが、それはキアンティなど一部の有名産地だけであった。全国レベルでワインを分類する仕組みは存在せず、ＥＣ発足の後になって、ようやく全国的な原産地呼称管理制度が導入された。ただし、アルコール度を上昇させるための補糖行為については、イタリアのほうがフランスよりも厳しい規制を設けていた。フランスでは一定の条件の下で補糖行為を認める地域もあったが、イタリアは温暖な地域に位置し、果汁糖度の高いブドウを得ることに困難はないため、補糖は全面的に禁止されていたのである。

ドイツやルクセンブルクは、ワイン生産国ではあるが、フランスやイタリアのように提案すべき具体的なモデルをもっていなかった。フランスやイタリアほどワイン産業を重視していなかったのかもしれない。とはいえ、国内ワイン産業の発展を阻害するおそれのある制度の導入は、両国とも望んでいなかった。たとえば、補糖の問題がそうである。ドイツやルクセンブルクは、気候が冷涼で、ブドウ栽培地の北限にあたる。十分に熟した糖度の高いブドウを得ることは容易ではなく、伝統的に補糖が容認されてきた。それゆえ、これらの国は、引き続き補糖を認めるよう強く要求したのである。

2　ワイン共通市場制度の発足

一九七〇年の共通市場制度規則

一九六二年規則に定められた共通市場制度は、一九七〇年四月二八日の理事会規則816－70を待ってようやく動きはじめた。この時点の加盟国は、なお原加盟国六ヵ国のままであった。

一九七〇年の規則は、その第一条で、以下のように規定している。

ワイン部門における共通市場制度に含まれるのは、価格および市場介入に関する制度、第三国との貿易に関する制度、生産および植え付けの統制に関する規律、醸造方法および流通に関する規律である。

これらの事項について、ここで少し詳しく見てみよう。

ワインが供給過剰にあるなかで、さらに多くのワインが市場に流入すれば、ますます価格が下落することは避けられない。こうした事態を防ぐために、七〇年規則は、市場介入の実施を盛り込んだ。

具体的には、一定期間、ワインの出荷を見合わせることを生産者に求め、これにともなって生じるコストを補塡するため、補助金を支給するという在庫補助制度がそうである。また、余剰ワインを蒸留し、エタノールとして転用するという措置も設けられた。しかし、この措置によって、今度はエタノールが生産過剰になる可能性がある。ワイナリーが、蒸留措置をあてにして低品質ワインばかり生産するという弊害も生じうる。

このような在庫補助や蒸留措置は、生産過剰が目立っていた日常消費用のテーブルワインのみを対象とするものであった。一九七〇年の段階では、クオリティワインの生産過剰の問題は、まだ想定されていなかったのである。しかし、後述するように、クオリティワインについても、やがて生産過剰が深刻化し、同様の措置がとられるようになる。

品種の格付けと植え付け統制

栽培可能なブドウ品種についても、一般的なルールが設けられた。

ブドウ品種は、「推奨品種」「許可品種」および「一時許可品種」に分類され、一九七一年九月一日からは、推奨品種と許可品種だけが植え付けを認められた。多産であるが品質の劣る品種は、新たに植え付けることができなくなり、次第に排除されていった。接ぎ木についても規制が課された。

他方で、ブドウの新規植え付けについては、認められた品種であれば、共同体レベルでの規制は課されなかった。フランスが譲歩した一九六二年の合意が維持されていたのである。七〇年規則では、生産量の増加を引き起こす改植や新規植え付けへの支援が禁止されるにとどまった。その結果、後述するようにイタリアやドイツでは、六〇年代から七〇年代にかけて、ブドウ栽培面積が大幅に増加し、ワインの供給過剰をさらに悪化させた。

醸造方法および流通――補糖・除酸・補酸

醸造および流通に関する規律として、七〇年規則は、域内のワイン産地をおおむね北からA、B、CⅠ、CⅡ、CⅢの五つの生産ゾーンに区分したうえで、それぞれ補糖・除酸・補酸の可否や上限を設定した。

果汁に含まれる糖分が多ければ、その分、ワインのアルコール度は高くなる。しかし、果汁糖度が低い場合には、糖分を補わないと、十分なアルコール度を有するワインを造ることができない。糖度の高いブドウを得ることが難しい冷涼な地域では、補糖行為が広く行われている。

七〇年規則では、補糖によってアルコール度を引き上げる上限は、原則として、ゾーンAでは三・五パーセント（特例で四パーセントのものも有り）、ゾーンBでは二・五パーセント、ゾーンCでは二パーセントに設定された。ただし、気候条件が例外的に過酷であった年にはこの上限の引き上げも許容される。また、ゾーンA、B、CⅠでは除酸のみ、CⅢでは補酸のみを認め、CⅡでは補酸または除酸のいずれかが認められる。[71] 同一のブドウ生産物（ワイン、ブドウ果汁）について、補酸と補糖を行うことは原則として禁止。同一の生産物に補酸と除酸を行うことも禁止された。

ここで補酸と除酸について、少し補足しておこう。ブドウには種々の有機酸が含まれており、これがワインの飲み口のさわやかさや後味のキレのよさに結びつく。酸の多すぎるワインは酸っぱく、酸の足りないワインは平坦で特徴の薄い味になる。ワインの味の調和を保つためには、適度の酸が必須であり、酸味の調和を欠く場合には補酸や除酸を行う必要がある。また、ブドウが熟すると糖度は上がるが、酸度は低くなる。だから、温暖な地域ではブドウが完熟しやすく、酸が不足する傾向があるため、補酸が認められているというわけである。冷涼な北部ではまったく逆に、補酸の必要性は低く、補糖の必要性が増すことになる。

なお、醸造に関して、補糖・除酸・補酸のほかには、過剰な圧搾やワインへのアルコール添加が禁じられた。また、域外から輸入されたワインと加盟国のワインをブレンドすること、域内で輸入ワイン同士をブレンドすることも禁止された。

ＥＵにおけるワイン生産ゾーン

ＥＵワイン法では以下のように生産ゾーンが分けられ、ゾーンごとに補糖などの上限値が定められている。

ゾーンＡ：ドイツ（バーデンを除く）、ルクセンブルク
ゾーンＢ：ドイツのバーデン、フランスのアルザス、ロレーヌ、シャンパーニュ、ジュラ、サヴォワ、ロワール
ゾーンＣⅠ：フランスの中西部、サントル、南西部（ゾーンＢに含まれる地域を除く）
ゾーンＣⅡ：フランス南部（ゾーンＣⅢに含まれる地域を除く）、イタリア（ゾーンＣⅢに含まれる地域を除く）
ゾーンＣⅢ：フランスのコルシカ、ピレネー・ゾリアンタル県およびヴァール県の一部、イタリアのローマ南部および離島の一部

「テーブルワイン」に要求される基準

七〇年規則において、ワインとは「破砕された、もしくは破砕されていない新鮮なブドウ、またはブドウ果汁を部分的または完全にアルコール発酵させて生産されたもの」と定義されている。これ

は、グリフ法以来のワインの定義を引き継いだものであり、こんにちのEUワイン法においても、その定義自体には変更はない。

六二年規則ではクオリティワインとテーブルワインという二つのカテゴリーが設けられたことを述べたが、七〇年規則は、テーブルワインに関する基準を定めている。「推奨品種、許可品種または一時許可品種を使用し、共同体内で生産され、アルコール度が八・五パーセント以上で総アルコール度が一五度を超えないこと（特定の地域では一切補糖していないことを条件に、一七度まで認められる）、総酸度が酒石酸換算で一リットルあたり四・五グラム以上であること」という要件である。

この規則のねらいは、ブドウ栽培や醸造、流通市場について、共同体内で共通のルールを定めることにあった。この規則で定められたワインの定義や醸造に関する基準は、その後の共通市場制度規則においても基本的に維持され、現在のEUワイン法にも受け継がれている。

クオリティワインの特別ルール

上記の理事会規則816－70とは別に、一九七〇年には、もうひとつの重要な規則が制定された。クオリティワインの特別規定を定める一九七〇年四月二八日の理事会規則817－70である。

早くからAOC制度を導入していたフランスが、高品質ワインと日常消費用ワインとを明確に区別することを求め、このフランスの要求が六二年規則に部分的に反映されていたことは前述のとおりである。こうしたフランスの主導権の下、共同体レベルでも、クオリティワインに適用される特別なルールが定められることとなった。

この理事会規則によれば、クオリティワインは、「限定された地域で生産され」かつ「特別な品質上の特徴」を有するものと定義される。その生産地域の範囲の画定は加盟国が行う。クオリティワインの原料ブドウの栽培と醸造は限定地域内で行われなければならないというのが原則である。ただし、加盟国の国内法で認められ、しかるべき規定が整備されていることを条件に、その地域の外でクオリティワインの醸造を行うことも認められる。

各加盟国は、クオリティワインの生産に適したブドウ品種を選び、リストを作成する。その品種は、ヴィティス・ヴィニフェラ種であって、かつ推奨品種か許可品種でなければならない。フィロキセラ後に爆発的に普及した北米系の品種や交雑品種をクオリティワインに使用することは、認められない。このリストに列挙されていない品種が植えられている畑は、移行期間の経過後、クオリティワインの生産地域の区画から除外される。

クオリティワインの天然アルコール度の下限、すなわち、補糖や濃縮行為をしないで得られるアルコール度の下限については、各加盟国で定められる。ただし、ゾーンAでは六パーセント、Bでは七パーセント、CⅠでは八パーセント、CⅡでは九パーセント、CⅢでは九・五パーセントが最低基準とされており、これを下まわることは原則として認められない。

クオリティワイン生産のための特別な醸造方法や一ヘクタール当たりの収量もまた、各加盟国において決定される。定められた収量を超過して生産されたワインは、その地域の呼称を使うことができない。さらに、クオリティワインの生産者は、そのワインにつき、分析検査と官能検査を受ける必要がある。

なお、クオリティワイン、あるいは、これを意味する「ＶＱＰＲＤ」というのは、共同体法の概念である。各加盟国は、これに代えて、その国で使われてきた伝統的な表現、つまり、本書でその成立を見てきたフランスのＡＯＣやＶＤＱＳといった表現を使うことが認められ、もっぱらそれらの表現の下でワインが販売されてきた。フランス以外の加盟国の表現については、後述する。

二重政策の確立

以上のようにして、一九七〇年代以降、共同体加盟国で産出されるワインは、品質に応じてテーブルワインとクオリティワインに区分されることになった。共通市場制度の発足時には、テーブルワインに該当するワインが圧倒的多数であり、生産されるワインの約九五パーセントを占めていた。これに対して、クオリティワインの生産量は、全体の五パーセント程度にすぎなかった。

この一九七〇年のワイン共通市場制度の本質について、アンディ・スミスは、次の二点を指摘している[72]。

第一は、テーブルワインのみを共同体の問題として取り扱い、クオリティワインについては、基本的に国内の問題として処理するということで各国代表のコンセンサスが得られたという事実である。この合意によって、各加盟国は、クオリティワインに関する法令の制定については、広い裁量をもつことになった。

第二は、共同体の共通市場制度が定める規律は、結局、フランスのワイン政策を共同体レベルで採用したものにすぎないということである。

使用できるブドウ品種が限定されたことや、前述のようなワインの定義には、フランス法の影響が色濃くみられる。当初こそ、フランスはイタリアの主張を受け入れ、生産過剰を抑えるためのブドウの新規植え付け規制は見送られたが、後述するように、一九七六年以降は、共同体レベルでも植え付けが規制され、フランスの政策は全加盟国に波及していくことになった。

各国の原産地呼称ワイン

フランスが主張したクオリティワインの特別扱いは、おおむね共同体の域内基準となったが、その具体的な運用については、各国の裁量にゆだねられた。ここで、他の加盟国のクオリティワインに関する制度を概観しておこう。

イタリア

イタリアでは、一九六三年に「ワイン用ブドウ果汁とワインの原産地呼称保護のための規則」が制定された。この規則は、ワイン保護委員会や原産地呼称保護のための全国機関の設立を定めるとともに、原産地呼称ワインについて、三つのカテゴリーを設けた。要件が厳格な順に、「統制保証原産地呼称（DOCG）」「統制原産地呼称（DOC）」そして「単純原産地呼称（DOS）」の三つである。このうち、DOSワインは、現在では生産されていない。これらの三つのカテゴリーは、いずれも七〇年規則のクオリティワインに該当するものである。

DOCGワインは、DOCワインに比べてより厳格な基準を満たす必要がある。DOCからDOC

Gに昇格するには、伝統的で高品質のワインを生み出す産地でなければならないとされているが、実際にはキアンティやアスティのような大量生産ワインもＤＯＣＧに認定されている。

ほとんどの高級ワインがＡＯＣワインに包含されるフランスとは異なり、イタリアでは、ＤＯＣＧやＤＯＣの基準を満たしていないワイン、すなわち、その産地の伝統的なブドウ品種ではなく、カベルネソーヴィニヨンなどの国際品種を使ったものなどが人気を呼んでいる。伝統的な品種を用いたＤＯＣＧ・ＤＯＣワインなどよりも、むしろ市場で高値がつくワインも少なくない。こうした傾向は、イタリアのワイン法のみならず、後述するように、ＥＵのワイン法の根本的な改革を迫ることになっていく。

イタリアのDOCGワイン「プロセッコ」の産地に広がるブドウ畑

ドイツ

ドイツでは、一九七〇年の共通市場制度規則を受けて、一九七一年にドイツワイン法が制定され、これによって原産地呼称制度が整備された。

ドイツにおけるワインの格付けは、フランスやイ

ドイツ・ラインガウ地方のブドウ畑

タリアとは大きく異なる。フランスやイタリアでは、クオリティワインとテーブルワインの区分は産地に対応する形になっており、クオリティワインを生産できる産地は限定されている。これに対して、ドイツでは、テーブルワイン（ドイツ語ではターフェルヴァイン）しか生産できない産地は存在しない。ドイツにおけるワインの区分は産地ではなく、果汁糖度によることになっており、糖度基準さえ満たせば、理論上、どの産地でもクオリティワインを生産できるからである。

ドイツのワイン産地は、北緯五〇度周辺、ブドウ栽培の北限に位置している。気候条件は厳しく、とりわけ日照不足との戦いを強いられてきた。過酷な栽培環境に置かれた産地だからこそ、補糖やブレンドをすることなく「天然純粋のワイン」を造ることが、ドイツの造り手の最大の喜びであった。こうして、畑に対して格付けを行うのではなく、ワインの原料となるブドウ果実の成熟度、すなわち、果汁に含まれる糖分の多寡こそが格付けの根拠とされてきたのである。[73]

ドイツにも、クオリティワインのカテゴリーとして伝統的に用いられてきた表現がある。「クヴァリテーツヴァイン・ミット・プレディカート（Qualitätswein mit Prädikat、ＱｍＰ）」と、「クヴァリテーツヴァイン・ベシュティムター・アンバウゲビート（Qualitätswein bestimmter Anbaugebiet、ＱｂＡ〈生産地域限定上級ワイン〉）」の二つである。両者とも共同体法にいうクオリティワインに該当する。前者は、こんにちでは「プレディカーツヴァイン」（生産地域限定格付け高級ワイン）という名称になっている。この二カテゴリーの区分は、補糖の可否と果汁糖度で決まる。ＱｂＡワインは、産地により一定程度の補糖が認められているが、プレディカーツヴァインは、最低果汁糖度がＱｂＡよりも高く、しかも補糖が認められていない。

ドイツのワイン産地は、一三のブドウ栽培地域に分けられている。どの地域でも、いずれのカテゴリーのワインも生産することができる。ただし、ＱｂＡワインは、ひとつの栽培地域内で収穫されたブドウのみを原料とし、プレディカーツヴァインについては、一三の栽培地域のなかの、特定のさらに小さな区画（ベライヒ）のブドウに限定される。

プレディカーツヴァインは、収穫したブドウの果汁糖度によって、格下からカビネット、シュペトレーゼ、アウスレーゼ、ベーレンアウスレーゼ、アイスヴァイン、トロッケンベーレンアウスレーゼの六等級に分けられる。格上の等級ほど果汁糖度の基準が高くなる仕組みである。

ドイツにも、ワイン法で定められたブドウ栽培の最小単位としての「アインツェルラーゲ（単一畑）」や、産出するワインの特徴が似ているアインツェルラーゲの集合体である「グロスラーゲ（集合畑）」といった概念は存在する。しかし、ワインの品質をテロワールと関連づけようという意識は、フランスやイタリアに比べると希薄である。プレディカーツヴァインでは、細分化された単一のベライヒで収穫されたブドウのみを使用することが義務づけられているが、これはあくまで「天然純粋のワイン」を最上のものとし、ブレンド行為を邪道とみなす、ドイツ的な発想のあらわれといえるだろう。

ルクセンブルク

日本ではワイン生産国としてあまり馴染みのないルクセンブルクであるが、古代ローマ以来二〇〇〇年にわたるワイン造りの歴史を誇る。ルクセンブルクの原産地呼称は、フランスのAOCとほぼ同時期にスタートした「マルク・ナショナル（Marque Nationale）」という、いわば国の商標の形で統制・管理されてきた。

クオリティワインについては、共通市場制度が発足した後、スティルワインのMoselle Luxembourgeoiseおよび発泡性ワインのCrémant de Luxembourgの二つが登録され、フランスと同じくAppellation Contrôléeの表記がラベルに付された。スティルワインのMoselle Luxembourgeoiseについては、官能審査で二〇点中一二点以上が合格基準とされ、一四点以上でVin classé、一六点以上でPremier Cru、一八点以上でGrand Premier Cruの表記が認められた。ただし、二〇一五年からは、官能審査による格付けから、産地と収量による格付け方式に変更されている。

ポルトガル

一九八〇年代に入ると、ギリシア、スペイン、ポルトガルが相次いで共同体に加盟した。これら三ヵ国はいずれも伝統的なワイン生産国であり、共同体への加盟が、この先ECのワイン市場とワイン法に大きな影響を与えることとなる。

ポートワインの原料ブドウが栽培されているドウロ川沿いのブドウ畑

ポルトガルは、もっとも古くから原産地呼称制度をもっていた国である。一八世紀半ばにポートワインの産地画定が行われたが、そのきっかけになったのは、一七五五年一一月一日に発生したリスボン大地震である。犠牲者の数は五万人にのぼり、リスボンの街は壊滅的な被害を受けたという。時の宰相セバスティアン・デ・カルヴァーリョ（後のポンバル侯爵）は、震災復興の資金を調達するために、独占的な貿易会社を考え出した。一七五六年に設立された「ドウロ・ワイン会社」である。この会社がポートワインの生産量や輸出を全面的に管理し、価格を決定した。

また、カルヴァーリョは、最上のワインを生み出す地域を限定し、「ポートワイン」の原産地を画定した。本来、穀物を栽培すべき土地にブドウ樹を植えることを禁止しようというのが、そのねらいであった。しかし、ヒュー・ジョンソンも指摘しているように、この政策は、食糧の生産量を増やすだけでなく、結果的に、ワインの品質改善にも寄与するものであった。[74]

ポルトガルは、一九八六年にECに加盟したが、その後は、クオリティワインのカテゴリーとしてDOC（デノミナサン・デ・オリージェン・コントロラーダ）が用いられている。

スペイン

スペインの原産地呼称制度にも古い歴史がある。最初の原産地呼称は、日本でも有名な赤ワインの産地、リオハである。リオハワインの原産地を定める王令が出されたのは、一九〇二年であった。全国的な制度としては、スペイン内戦前の一九三二年に、DO（デノミナシオン・デ・オリヘン）制度を導入するワイン法が制定された。また、フランコ政権末期の一九七〇年には、「ブドウ畑、ワインおよびアルコール飲料に関する法令」が定められ、これにもとづいて全国原産地呼称機関が設けられている。

スペインワインのカテゴリーには、DOのほか、その上位に位置づけられるDOC（デノミナシオン・デ・オリヘン・カリフィカーダ）がある。また、ビノ・デ・パゴ、ビノ・デ・カリダ・コン・インディカシオン・ヘオグラフィカといったカテゴリーもあるが、これらは、すべて共同体法上はクオリティワインである。

これらのうちで、スペインにおけるクオリティワインの中核的なカテゴリーとなっていたのはDO

である。ＤＯは、原産地呼称統制委員会の設置された地域で生産され、厳格な基準にもとづくワインである。このＤＯワインから、さらに厳しい基準で昇格が認められた高品質ワインがＤＯＣである。ビノ・デ・カリダ・コン・インディカシオン・ヘオグラフィカは二〇〇三年のワイン法改正にともなって新設されたものである。五年以上このカテゴリーに属している産地は、ＤＯへの昇格を申請することができる。また、これとは別に、ビノ・デ・パゴ、すなわち単一ブドウ畑限定高級ワインというカテゴリーも存在する。ある特定の村で、他とは顕著な違いをもった畑から生まれる高品質ワインであり、ＤＯＣに準じた品質コントロールを受けている。

3　本格化する生産管理

増え続ける余剰ワイン

一九六五年から一九七八年にかけて、フランスでは、ブドウ畑の削減が進められ、栽培面積は一三四万ヘクタールから一一九・五万ヘクタールに減少した。しかし、前述のように、共同体レベルでは、七〇年規則の時点では栽培面積の規制は導入されていなかった。植え付け規制が課されていなかったイタリアでは、同時期に九四・三万ヘクタールから一一〇・二万ヘクタールに増加、ドイツでも、八・三万ヘクタールから一〇・二万ヘクタールへと大幅に栽培面積が増加している。[75]

このような栽培面積の増加はワイン生産量の増加を招き、供給過剰を引き起こした。一九七〇年代初頭の共同体内のワイン生産量は一億五〇〇〇万ヘクトリットルであったが、消費量は一億四〇〇〇万ヘクトリットルにとどまり、生産量を下まわっていた[76]。

一九七三年に加盟国となったイギリス、アイルランド、デンマークは国内でほとんどワインを生産しておらず、もっぱら消費国であったことから、供給過剰の状況が幾許か改善されることが期待された。ところがこの年の石油危機とそれにともなう景気後退が世界のワイン市場を直撃し、ワインの消費はすっかり冷え込んでしまった。一九七三年には加盟国のワイン生産量は一億七〇〇〇万ヘクトリットルを超えたが、消費量は一億五〇〇〇万ヘクトリットルにとどまった。余剰ワインは、約二五〇〇万ヘクトリットルにまで膨らんでしまった。

供給過剰と市場価格の下落が放置できない状況となり、市場介入措置が発動された。テーブルワインの生産者たちは、売れ残った余剰ワインを蒸留するほかなかった。

ワイン市場の危機は、フランスとイタリアとの緊張を高めた。フランスの生産者は、イタリアの生産者がブドウ畑を拡大し、大量生産を続けていることを激しく批判し、不満を爆発させた。南仏では、ワインを輸送するタンクローリーが襲撃されたり、港や道路が封鎖されたりするなど暴動はエスカレートし、「ワイン戦争」とでもいうべき事態にまで発展した[77]。

南仏は、イタリアから流入してくるワインの輸送ルート上に位置していたうえ、輸入ワインと直接競合する安価な日常消費用テーブルワインの生産地でもあった。販売不振や価格下落に苦しむ生産者は、輸入ワインの流入を実力で阻止しようとする行動に出たのである。

南仏の生産者たちは共通市場制度に対する批判を強め、改革を要求した。かれらは、さらなる市場介入を主張していた。市場の状況を見ても、より徹底した生産調整の実施は、避けられない状況にあった。

続く供給過剰構造――新規植え付け禁止とテーブルワインの生産調整

一九七〇年の共通市場制度の発足後も加盟国の裁量にゆだねられていたブドウの新規植え付けは、ついに一九七六年、共同体レベルでも禁止されることとなった。

また、テーブルワインの生産量の抑制を目的として、一九七六年五月一七日の理事会規則1163－76により、以後三年間にわたり、ブドウ樹の引き抜き、すなわち、抜根のための助成金が導入された。新規植え付けの禁止に加え、本格的な減反がはじまったわけである。高級品種への改植、他の作物への転換についても助成金が支給されることとなった。

フランスでは、一九七六～七八年の三年間で、合計七万ヘクタールの畑でブドウ樹が抜根された[78]。フランス西部のシャラント地方ではブドウ栽培から他の作物への転換が行われ、南仏では、前述の「プラン・シラク」により、推奨品種への植え替えが進められた。しかし、ブドウ栽培面積は減少したものの、生産性が向上し、かえって収量が増加した畑もあった。生産量の削減は期待されたほどではなかった。

共通市場制度の改革は、テーブルワインからクオリティワインの生産への移行を促した。テーブルワインの生産抑制政策や改植支援措置などにより、クオリティワインの生産量が増加していく。一九七〇年代後半以降、それまでは並級ワインの産地に甘んじていた南仏ラングドックにおいて次々とA

OCが誕生していったのは、すでに見たとおりである。

一九七九年二月五日には、新たな共通市場制度規則、理事会規則337－79が制定され、余剰ワインを減らすためにさらに厳しい措置が導入された。しかし、ヨーロッパではブドウの大豊作となり、著しい供給過剰が生じたため、フランスとイタリアの間で対立が再燃した。

一九八〇年代には、前述のようにワイン生産国であるギリシア、スペイン、ポルトガルが相次いで共同体に加盟した。一九八六年に加盟したスペインとポルトガルはワイン輸出大国であり、国内でも供給過剰の状況にあった。イタリアに加えて、スペインやポルトガルのワインまでフランス市場に流入し、またしてもフランスの生産者の不満が高まった。

域内の供給過剰は構造的なものとなり、余剰ワインは増加する一方であった。これまでどおりの措置では、もはや市場の相場を安定させることは不可能であった。

一九八七年の改革——さらなる生産抑制へ

加盟国の拡大を受けて、一九八七年に実施された共通市場制度改革は、テーブルワインの生産量をさらに抑制しようとするものであった。一九八七年三月一六日の理事会規則822－87では、生産調整に関する規定が冒頭に置かれていることからしても、生産抑制が最大の関心事であったことがわかる。

この規則により、一九九〇年八月三一日まで、新たな植え付けが禁止されることとなった。ブドウの植え替えも規制の対象となり、植え付けの権利をもつ個人または法人にのみ認められることとなった。他の事業者に権利を移譲することにも制限が課された。ただし、これらの規制は、テーブルワイン用のブドウだけを対象としており、加盟国がクオリティワイン生産用のブドウの植え付けを認めることは許されていた。

これらの改革が多少なりとも功を奏して、ブドウ栽培面積は、フランス、イタリア、スペインの大生産国を中心に減少に転じた。一九八八年から一九九七年までの一〇年間で、EUのブドウ畑全体の約一割に相当する四九万ヘクタールが抜根されたという。

ワインの生産量も、一九八七年以降、全体としては若干減少している。一九九〇年代半ばには、一時的にEU内の需要と供給のバランスは多少改善されることになり、生産量の抑制を狙った一九八七年の改革は、一定の成果が得られたものと評価された。なお、フランスでは、テーブルワインの生産量がとくに減少したが、クオリティワインの生産量は増加傾向となった。前述のように、ワインの品質改善が進められ、AOCワインの生産割合が増えたためである。

しかし、一九八七年の改革によって、ある程度生産量を抑えることができても、構造的な供給過剰の解消にはいたらなかった。ワイン消費量が減少するペースは、生産量の抑制を上まわっていた。そのうえ、EUのワイン生産国にとって脅威となる、新たな生産国のワインが徐々に世界のワイン市場を席捲しつつあった。

第4章

新たなプレーヤーとの戦い

畑＝テロワールの思想と品種＝セパージュの思想

1　新世界の「発見」

一九七六年「パリ試飲会」の衝撃

ワイン造りは、けっしてヨーロッパ、すなわち、「旧世界」の専売特許ではない。数百年も前から、アフリカやアメリカ大陸でもブドウは栽培され、ワインが造られてきた。けれども、いくら新世界でワイン造りを頑張ってみたところで、旧世界ワインには、品質面では太刀打ちできないというのが、それまでの常識であった。

このような常識は、こんにちではまったく通用しない。日本のスーパーやコンビニのワインコーナーは、新世界ワインであふれている。ただ安いだけではワインは売れない。消費者が満足する品質を備えているから、新世界ワインがこれほどまでに売れているのである。

ワインは、大昔からグローバルな産品であり、国境を越えて取り引きされてきた。しかし、ここ数十年のグローバル化は、それ以前のものとは本質的に異なる。ワイン産地が世界中に拡大し、ワインが消費される地域もまたグローバル化した。

世界規模のワイン市場の変化は、一九七〇年代頃にはじまる。その変化を象徴する出来事が、一九七六年にパリで開催されたフランスワインとカリフォルニアワインの比較試飲会、いわゆる「パリ試飲会」であった。当時、フランスではほとんど無名であったカリフォルニアのワインが、フランスワイン界の権威者たちによるブラインドテイスティングの試飲会に出されたのだが、フランスの名だたるトップシャトーに勝利してしまったのである。

この試飲会を企画したのは、ワインスクール「アカデミー・デュ・ヴァン」を立ち上げたイギリス人、スティーヴン・スパリュアである。かれは、パリのワインショップ「カーヴ・ド・ラ・マドレーヌ」のオーナーでもあった。

スパリュアは、この試飲会を合衆国建国二〇〇周年記念イベントとして企画し、審査員にはフランスワイン界の著名人が多数招待された。オーベール・ド・ヴィレーヌ（「ドメーヌ・ド・ラ・ロマネ・コンティ」の共同経営者）、ピエール・タリ（マルゴーの格付け第三級「シャトー・ジスクール」のオーナー）、オデット・カーン（フランスの老舗ワイン雑誌「La Revue de vin de France」編集者）、クリスチャン・ヴァネケ（パリの名門レストラン「トゥール・ダルジャン」のシェフソムリエ）、ジャン・クロード・ヴリナ（同じくパリの名門レストラン「タイユヴァン」のオーナー）など、そうそうたる顔ぶれである。ただし、かれらには、フランスワインとの比較試飲を行うことは事前に知らされていなかった。

「シャトー・モンテレーナ」のラベル

試飲会のためにスパリュアが選んだカリフォルニアワインは、赤四本、白六本であった。それらに対して比較試飲されるフランスワインとして、ブルゴーニュの白ワイン四本、ボルドーの赤ワイン四本——これらはいずれも、当時において傑出した評価のあった、最高峰のトップシャトーのものである——が用意された。

試飲会は、一九七六年五月二四日、パリのインターコンチネンタルホテルで開催され、先に白ワインの試飲が行われた。審査の結果、一位になったのは、カリフォルニアの「シャトー・モンテレーナ」一九七三年。二位はブルゴーニュ、コート・ド・ボーヌ地区の銘醸ワイン「ムルソー・シャルム」であったが、三位に入った「シャローン」もカリフォルニア産であった。そして、ラモネ・プルドンの「バタール・モンラッシェ」は一〇本中七位にとどまった。バタール・モンラッシェは、ブルゴーニュでは数少ない特級畑（グラン・クリュ）から生まれる白ワインであるが、ブラインドでの審査の結果は芳しくなかった。

白ワインに続いて赤ワインの審査が行われた。こちらも結果は、やはりカリフォルニアの「スタッグス・リープ・ワイン・セラーズ」一九七三年が一位であった。「シャトー・ムートン・ロートシルト」、「シャトー・モンローズ」といったボルドーの格付けシャトーのワインを抑え、カリフォルニアワインが赤ワインでもトップに輝いたのである。

テロワール主義のゆらぎ

この試飲会では、赤・白ともにカリフォルニアワインがフランスワインを抑えて一位となった。この結果に、フランス人審査員が大きな衝撃を受けたことは容易に想像できる。

試飲に出されたフランスワインは、いずれも一九七〇年代のヴィンテージで、まだ飲み頃を迎えていない状態にあり、比較試飲は不公平だという批判もあった。しかし、カリフォルニアワインがフランスワインに勝利したというニュースは、この試飲会を取材したタイム誌の記者ジョージ・M・テイバーによって拡散された。何でも一位が大好きなアメリカのワイン愛好家たちは、大いに歓喜したにちがいない。[79]

パリ試飲会は、ワインの常識を一変させ、新世界のワインが注目されるきっかけをつくった。テイバーは、長年ワイン業界にはびこっていた二つの固定観念が、この試飲会によって打ち破られたと述べている。第一に、優れたワインは、フランスの「神聖なるテロワール」だけでなく、いろいろな場所でできること、そして第二に、優れたワインを造るうえで、「長老の知恵」は必須ではないということが、この試飲会によって実証されたのだという。[80]

フランスの「神聖なるテロワール」でなくとも、カリフォルニアでトップレベルのワインが造れるのであれば、オーストラリアでもチリでも造れるのではないか。高品質ワインのためのブドウ栽培に適した場所と品種を選び、手間暇を惜しまずにブドウを育て、よく熟したブドウを使い、収量を抑え、最高の技術をもって醸造すれば、きっと優れたワインができるはずだ。世界の生産者たちはそう考えるようになったのである。

白ワインで一位になったシャトー・モンテレーナは、一九世紀に設立されたカリフォルニアでは古いワイナリーだが、赤ワインで一位になったスタッグス・リープ・ワイン・セラーズは、一九七〇年代に入って設立されたばかりの新しいワイナリーであった。そんなワイナリーでも、伝統あるボルドーの格付けシャトーを凌駕（りょうが）するワインを造れることが、試飲会の結果で証明されたのである。

こうして、アメリカをはじめ、チリ、アルゼンチン、オーストラリア、イタリア、スペインなど各国で高品質をめざすワイン造りがはじまった。

もちろん、フランスでも変化が起こった。不名誉な結果を突きつけられた有名産地のトップシャトーは、よりいっそう品質改善に取り組むようになったし、設備投資も進められた。さらに、それまで評価されていなかったフランスの産地で、高品質ワインの生産を試みる動きが出てきた。南仏ラングドックの変化は、この潮流に乗るものであったといえる。

新興生産国のワイン造り

新興ワイン生産国は、ヨーロッパ諸国が生産過剰問題の対処に追われている間に、着実に実力を伸ばしてきた。この数十年間、新世界ワインの品質向上と生産量の拡大には著しいものがある。そこにはヨーロッパとのワイン法の違いも部分的に作用しているが、まず台頭の背景として、新世界ワインのあゆみをごく簡単に概観してみよう。

アメリカ

ニューワールドの代表格にあげられるアメリカであるが、アメリカ大陸にはもともと固有種のブドウが自生していた。しかし、そのブドウは、高品質ワインを造ることのできないヴィティス・ラブルスカ種であった。日本で栽培されている食用ブドウは、このラブルスカ種や、その交雑品種が多い。

北米に入植したヨーロッパの人びとは、ヴィニフェラ種を持ち込んでワインを造ろうとしたが、ことごとく失敗した。北米には、あのフィロキセラ（四五頁以下参照）が生息していたからである。かれらは、やむなくラブルスカとヴィニフェラの交雑品種などを使うようになった。

一九七六年のパリ試飲会をきっかけにアメリカのワインが世界的に注目を集めるようになり、ワイン消費量でもいまやフランスを抜いてトップの座を維持しているとはいえ、もともとアメリカには、ワインを敵視する風潮が根強く存在していた。二〇世紀前半の禁酒法は、アメリカのワイン造りに壊滅的な打撃を与え、ワイン製造が合法化されてからも、しばらくは粗悪なワインが市場に出まわっていた。

しかし、フィロキセラ対策として北米系品種の台木にヨーロッパ系品種を接ぎ木する方法が考案されたおかげで、アメリカでもヨーロッパ系品種を使った高品質なワイン造りが可能になる。とくに、カリフォルニア大学デイビス校が栽培・醸造技術の研究拠点となったこともあって、カリフォルニアワインが飛躍的に発展。品質も向上した。そして、一九七六年のパリ試飲会でボルドーやブルゴーニュのワインを凌駕するような優れたワインが生まれ、ワイン産地として世界的に注目されるようになった。現在、アメリカには巨大なワイン企業グループが存在しており、カリフォルニアのＥ＆Ｊガロ社やコンステレーション・ブランズ社は、世界最大級のワイン生産者である。

南米

アルゼンチンとチリは、ニューワールドの生産国のなかでもとりわけ気候、土壌、自然条件に恵まれており、ワイン生産大国となる可能性を秘めていた。

アルゼンチンにブドウ栽培が伝わったのは一六世紀の半ば。現在は、中央西部のメンドーサが主要な生産地となっており、国内の七〇パーセントのワインがこの地域で造られている。赤用のマルベックやボナルダ、白用のペドロ・ヒメネスやトロンテス・リオハーノが代表品種で、カベルネソーヴィニヨン、シラー、シャルドネといった国際品種も栽培されている。

チリでも一六世紀半ばからブドウが栽培されており、こんにちでは、日本に輸入されるワインでもっとも多いのはチリワインである。一九世紀後半のフィロキセラ禍でヨーロッパのブドウ畑が壊滅すると、チリに渡る醸造家や栽培家が相次いだ。チリのブドウ畑は、いまだにフィロキセラに侵されていないという。

チリで栽培されている主な品種は、カベルネソーヴィニヨン、メルロ、ソーヴィニヨンブラン、シャルドネなど。ボルドーでは絶滅してしまったカルメネールもチリでは生き延びている。

チリのワイン産地は、南北一四〇〇キロメートルに及び、気候条件や土壌にも多様性がみられる。主要なワイン生産地は、アコンカグア川からマウレ川までの中央部に広がっている。

オセアニア

ワイン用ブドウがオーストラリアに持ち込まれたのは一七八八年頃だといわれる。一八二〇年代以降、本格的にブドウ栽培とワイン醸造がはじまり、以来、ワイン造りの歴史は約二〇〇年に及ぶ。しかし、オーストラリアワインが世界的に注目されるようになったのは、一九九〇年代にシラーズ（ヨーロッパでいうシラー）を用いたワインの成功がきっかけである。オーストラリアでは、巨大ワイナリーが業界を牽引してきたが、近年は中小ワイナリーも力をつけている。設立年の浅い小規模生産者は二〇〇〇社を超えるという。

ニュージーランドには一九世紀前半にオーストラリアからブドウが持ち込まれた。ダーウィンがビーグル号でニュージーランドに寄港した折、ブドウが栽培されていることを記している。

二〇世紀に入ると、ダルマチア（現在のクロアチアのアドリア海沿岸地域）からやってきた移民が北島オークランド近郊でワインを造るようになり、ワイン産業の礎が築かれた。第二次世界大戦後はオーストラリアの大手資本が進出。一九七三年にマールボロ地区に植えられたソーヴィニヨンブランが成功し、一躍高品質ワインの生産国として世界に知られることとなった。

オーストラリア・ヤラヴァレーの小規模ワイナリー

南アフリカ

南アフリカでは、一七世紀半ばからブドウ栽培がはじまった。フランスのルイ一四世が一六八五年に「ナントの勅令」を廃止すると、信仰の自由を奪われたプロテスタント（ユグノー）たちはフランスを去ることを余儀なくされ、その一部は、南アフリカに入植した。かれらは、ブドウ栽培の技術を南アフリカにもたらすこととなった。

ナポレオンの時代には、大陸封鎖令によってフランスワインを輸入できなくなった英国に向けて、南アフリカのワインが輸出された。しかし、二〇世紀には南アフリカの人種差別政策が国際的な非難を受け、経済制裁を科されたため、ワインの輸出には困難がともなったが、一九九〇年代にアパルトヘイトが廃止されると、経済制裁が解除され、輸出が本格化した。

2 悩ましい新世界

ワイン法がもたらした優位性

新世界ワインが、それまで産地としてのブランド力をほとんどもっていなかったにもかかわらず、世界市場を席捲するまでになった理由のひとつには、産地をアピールするのではなく、ブドウ品種をアピールする手法に拠ったことがあげられる。単一の品種のみを表示した「ヴァラエタルワイン」である。EUの厳格なワイン法とは異なる新世界のワイン生産国のリベラルなワイン法がヴァラエタルワインを育み、EU産ワインを脅かす存在へと成長させていく。

EUのワイン法は、長らく、フランスのAOCワインなどのクオリティワインでなければ、品種名や収穫年を表示できないという原則を維持してきた。高品質なワインでも、AOCの生産基準書に記載されていない品種のブドウを使ったワインは、EU法上はテーブルワインとして取り扱われ、品種名も収穫年も表示することが許されなかったのである。

これに対して、新世界の生産国のワイン法を見てみると、ワイン法上のカテゴリーにかかわらず、一定の要件を満たしたワインは、品種名や収穫年の表示が可能である。品種名の表示については、特定のブドウ品種が八五パーセント以上含まれる場合にその品種名を表示できるとしている国が多く、栽培できる品種自体に制約が課されているわけではない。収穫年表示については、当該収穫年のブドウを八五パーセント以上使用した場合に表示できるとするのが一般的である。

また、産地名の表示については、その産地のブドウを七五パーセント以上、ないし八五パーセント以上使うことを唯一の条件としている新世界の生産国が多い。ＥＵ諸国では、産地名の表示は原産地呼称や地理的表示と結びついており、生産基準書に記載された使用品種や栽培・醸造方法などの条件をクリアしたワインでなければ、そもそも産地名を表示することができない。

産地で勝負できなければ品種で

このように、ラベル表示に関して、新世界のワイン法と従来のＥＵワイン法との決定的な違いは、産地名を名乗ることのできないワインが品種名や収穫年を表示できるか、という点にあった。

産地の知名度において圧倒的に劣る新世界のワインは、品種名表示を上手に活用することで、消費者への認知度向上をはかるようになっていく。もっとも、新世界ワインといえども、ＥＵ諸国に向けて輸出する場合には、当然、ＥＵのワイン法に縛られる。ＥＵ以外の市場に向けてであれば、こうした縛りはない。こうして、ＥＵ以外の市場において、新世界ワインは、品種名や収穫年を表示できないＥＵ産ワインに対して優位性を得ることができたのである。

ＥＵ諸国のワインで、産地名の表示ができるものであったとしても、その産地名があまり知られていない場合には、消費者に十分アピールできるとはいいがたい。むしろ、「シャルドネ」「ピノノワール」といった品種名のみを記載したワインのほうが、その「わかりやすさ」のゆえに、消費者に歓迎される場合もあるだろう。

ＥＵ諸国のワイン生産者、とりわけ、新世界ワインと競合する価格帯のワインの生産者からは、ＥＵワイン法のラベル表示規制が競争上不利に作用しているとして強い不満の声が上がっていた。それが、後のＥＵワイン法の改革にも反映されていくことになる。

ところで、品種名を表示するためには、当然、特定の品種のみを使用する必要がある。同一品種の最低使用割合については、八五パーセント以上であったり、七五パーセント以上であったりと若干の違いはみられるものの、特定の品種のみを使用するという点では、ＥＵでも新世界でも同じである。

しかし、単一品種のヴァラエタルワインが、かならずしも複数の品種をブレンド（アサンブラージュ）したワインより優れているとは限らない。世界に名だたるボルドーのトップシャトーのワインは、複数の品種のブレンドである。品種名ワインの「わかりやすさ」が新世界ワインに成功をもたらした一方で、ワインの面白さを奪ってしまったとの批判もある。すべての生産者が、こぞって人気品種を使ったワインばかり造るようになったら、ワインの味は画一化し、多様性は失われてしまうであろう。

オールドワールドを悩ませる新世界の慣行

新世界の生産国、とりわけ、アメリカには、ヨーロッパの地名に由来する地名が少なくない。たとえば、ニューヨークの昔の名はニューアムステルダムであり、オハイオ州には、スペインの古都に由来するトレドという都市がある。アメリカの名門ハーバード大学やマサチューセッツ工科大学は、英国の大学都市と同名のケンブリッジ市にある。

ワインについても、アメリカ産のワインを「シャブリ」や「シャンパーニュ」などと称して売ることが常態化し、フランスをはじめとする旧大陸のワイン生産者を悩ませた。ＥＵはこのような慣行をやめさせようと苦労しているが、こんにちでも、アメリカ国内で消費されるものに限り、「カリフォルニア・シャンパン」や「カリフォルニア・シャブリ」など、ＥＵ諸国の有名産地名を使ったワイン（「セミ・ジェネリック」と呼ばれる）の販売が許されている。

たしかに、「カリフォルニア」のように、そのワインが本当に生産された地名が併記されていれば、本物のシャンパーニュやシャブリと誤解して消費者が購入する可能性は低くなるが、ＥＵは、そのような表記も地理的表示の侵害であると考え、全面禁止を求めている。

こうした商品は、以前は日本国内でも流通していたが、現在では、アメリカ国外ではセミ・ジェネリックの使用は禁止されている。同じ商品でも、日本に輸出されるものについては、「カリフォルニア・スパークリングワイン」のようなラベル表記になっているようである。

また、新世界の生産国のワインのなかには、フランス語圏ではないにもかかわらず、「シャトー」や「クロ」などの表現を使うものがある。パリ試飲会で白ワインのトップに立ったカリフォルニアワイン「シャトー・モンテレーナ」がそうである。もともと、「シャトー」ということばは、ボルドーなどの醸造所を意味するものであって、フランスでは、一定の条件を満たしたＡＯＣワインでなければ使用できないことになっている。そうした条件とは無関係に、しかもフランス語圏ではない国のワイナリーが「シャトー」を名乗ることに、EUのワイン生産国は強い反感を抱いている。

栽培や醸造に関する新世界のルール

栽培自体についての規制の緩やかさにも言及しておこう。

EUでは、生産過剰を抑制するために、栽培制限制度が導入されており、ブドウ畑の拡張は容易ではない。これに対して、新世界では、ブドウ畑を新たに拓くうえで法的な制約はなく、大規模なブドウ園を開設し、徹底した低コスト化をはかることが可能である。実際、アメリカやオーストラリアでは、こうした大規模生産者によってコストパフォーマンスの高いワインが生産されている。

また、新世界の生産国では、そもそも使用品種の選択の自由度が高い。ヨーロッパのように産地と品種の伝統的な結びつきを前提とすることなく、多種多様な品種から土地に適した優れた品種を選んで栽培することができる。市場の動向にあわせて、人気の高い国際品種を選択することも可能である。地理的表示ワインであっても、使用品種の選択の幅は広く、さまざまな品種の使用が認められている。

ヨーロッパのワイン法においては、ことに原産地呼称ワインの品種は、その産地で伝統的に使用されてきた特定の品種に限定される。いくら高品質な品種であっても、生産基準書に記載されている品種でなければ、原産地呼称を名乗ることはできない。もっとも、あえて生産基準書に記載されていない高級品種を使ったワインもあらわれており、かなり高価なものもある。「サッシカイア」や「オルネライア」などで知られる、イタリアの「スーパー・タスカン」と呼ばれるワインがその代表格であろう。その産地で伝統的に栽培されてきた品種ではなく、世界的に人気のある国際品種（たとえばカベルネソーヴィニヨン）を使用し、それゆえ、ワイン法上は格下のワインとして販売されているトスカーナ地方の高級ワインである。これまでの伝統にとらわれるのを嫌い、新世界的な発想のもとに、自由なワイン造りに取り組む生産者はヨーロッパでも増えている。

新世界の生産国のワイン法では、一般に醸造に関する規制も緩やかである。規制が緩やかであれば、低コストでワインを大量生産することができる。

スーパー・タスカンのひとつ「サッシカイア」
（photo: Lucarelli CC BY-SA 3.0）

アメリカなどでみられるオークチップの利用はその一例である。通常、高級ワインの熟成には木製樽の使用が欠かせない。樽の原料に用いられるのはブナ科コナラ属のオークで、その独特のフレーバーがワイン愛好家を魅了するのであるが、オーク樽は高価であり、一樽一〇万円以上はする。樽熟成には時間がかかり、その間に、ワインは目減りしていく（これは「天使の分け前」と呼ばれている）。

そこで、ワインに安価かつ容易にオーク樽の風味を付ける醸造法が、アメリカなどで広まった。オーク樽で熟成させるかわりに、オーク材の小さな切片（チップ）を袋に入れ、ワインに浸してステンレスタンクで熟成させる方法である。こうした醸造法は、ＥＵでは長らく規制されてきたが、新世界のワイン法では広く認められており、日本でもそのようなワインが輸入されている。

ロゼワインの製法も同様である。ＥＵ法では、赤ワインと白ワインをブレンドしてロゼワインを造る製法は禁止されてきた。これに対して、新世界の生産国では、ロゼのブレンド製法が一般的に認められている。ＥＵ法で認められているロゼの製法は、赤ワインと同じ手順である程度発酵させ、果汁が適当に着色した時点で果皮などを除去し、それ以上の着色を抑えた状態にして発酵を継続させるという手間のかかる方法である。この方法に比べて、ブレンド製法では、低コストで大量生産が可能である。

このように、新世界の生産国において実現される栽培や醸造の自由度が、ワインの生産コストを下げ、安価かつ高品質なワインを求める世界の消費者を惹きつけたことは想像に難くない。

新世界へ進出する欧州ワイナリー

このような新世界ワインの台頭を、ヨーロッパのワイン生産者は黙って見ていたわけではない。かれらのなかには、それまで培ってきた技術と高いブランド力をもって、新世界でのワイン造りに挑戦する者もあらわれた。

ボルドーの一級シャトー、ムートン・ロートシルトは、パリ試飲会ではスタッグス・リープ・ワイン・セラーズに次ぐ二位に甘んじた。ムートン・ロートシルトのフィリップ・ド・ロートシルト男爵は、カリフォルニアのナパ・バレーの生産者とのジョイント・ベンチャーに乗り出すことを検討し、一九七八年、ナパ・バレーでワイナリーを経営するロバート・モンダヴィとの共同出資に合意した。この事業によって生まれたワインが「オーパス・ワン」である。「作品番号一番」を意味するこのワインは、ラベルにロートシルト男爵とロバート・モンダヴィの横顔がデザインされており、アメリカでもっとも有名なワインのひとつになっている。

ロートシルト男爵は、カリフォルニアに続いて南米にも進出した。チリではピノチェト政権が終わると、外国からの投資や政府の援助によりブドウ畑とワイナリーの現代化がはかられた。すでにスペインの大手トーレスがチリに進出して、成功を収めていた。ロートシルト社は、一九九〇年代から、チリ最大手のワイナリーであるコンチャ・イ・トロとともにジョイント・ベンチャーを起こし、チリの代表的なワイン生産地マイポ・バレーのプエンテ・アルト地区でカベルネソーヴィニヨンやカルメネールを栽培をはじめ、最高品質のワインが造られることになった。コンチャ・イ・トロとのジョイント・ベンチャーによって生まれたワイナリーは、オペラ『フィガロの結婚』に登場する伯爵の名にちなんで「アルマヴィーヴァ」と名付けられ、チリの「オーパス・ワン」とも呼ばれている。[81]

同じく、ボルドーの一級シャトー、ラフィット・ロートシルトを所有するドメーヌ・バロン・ド・ロートシルトも南米へ進出する。一九八八年にチリのワイナリーの経営権を取得し、サンティアゴの南二〇〇キロメートルの広大な畑で「ロス・ヴァスコス」を造り、また、アルゼンチンでは、メンドーサのワイナリー「ボデガス・カロ」の生産にもかかわっている。

ブルゴーニュのボーヌに本拠を置く名門ジョセフ・ドルーアンもアメリカに進出して成功を収めた。ドルーアンの看板ワインのひとつに、ボーヌの「クロ・デ・ムーシュ」がある。パリ試飲会では五位にとどまったが、中世にまで遡る歴史を有し、ボーヌでもっとも有名な一級畑のひとつである。ドルーアン社は、オレゴン州ポートランドの南西にあるウィラメット・バレーに九〇ヘクタールの土地を購入し、一九八八年にドメーヌ・ドルーアン・オレゴンを設立。ピノノワールやシャルドネを植え付けた。現在では、ドルーアン一家の長女ヴェロニクが醸造を担当し、同社がブルゴーニュで造るのと同じスタイルのワイン造りをめざしている。[82]

シャンパンメーカーの新世界進出

LVMH（モエ・ヘネシー・ルイ・ヴィトン）グループは、その高いブランドイメージを活かしながら、積極的に新世界に進出している。

LVMHグループの筆頭にあげられるのは、キュヴェ・ドン・ペリニョンで有名なモエ・エ・シャンドンであろう。同社は、一九八六年、オーストラリア南東部ビクトリア州のヤラ・バレーに「ドメーヌ・シャンドン」を設立し、シャンパーニュと同じ製法でスパークリングワインを造りはじめた。もちろん、シャンパーニュを名乗ることはできないが、モエ・エ・シャンドンのブランド力を最大限に活かした商品展開を行い、大いに成功している。スパークリングワインに加えて、ピノノワールやシャルドネのスティルワインもドメーヌ・シャンドンで造られている。モエ・エ・シャンドンは、カリフォルニア、ブラジル、アルゼンチンでもワイナリーを設立し、現地でスパークリングワインの生産を行っている。

同じくLVMHグループに属するシャンパーニュの大手メゾン、ヴーヴ・クリコは、ニュージーランドに進出。南島の北東部にあるマールボロ地区に土地を獲得し、ソーヴィニヨンブランのワイン造りに乗り出した。同社は、一九八五年に設立され、優れたソーヴィニヨンブランで高い評価を確立していたクラウディ・ベイを一九九〇年に買収し、経営権を獲得した。[83] いまでは、ニュージーランドワインといえば、マールボロのソーヴィニヨンブランといわれるほどである。

ヴーヴ・クリコのほかに、ロワールのサンセールに拠点を置き、ソーヴィニヨンブランのワインを造るドメーヌ・アンリ・ブルジョワがマールボロに進出している。同社は、二〇〇〇年に六九ヘクタールの土地を購入し、新たなワイナリー「クロ・アンリ」を展開。二〇〇三年に初ヴィンテージを出荷している。

オーストラリアの「ドメーヌ・シャンドン」

一七七六年に設立された老舗のシャンパーニュ・メゾンであるルイ・ロデレールは、アメリカに進出している。太平洋岸に近いカリフォルニア州北部のワイン産地、アンダーソン・バレーにブドウ畑を手に入れ、一九八二年に「ロデレール・エステート」を設立、スパークリングワインの生産を行っている。さらに、二〇一一年に新たに畑を購入し、現在では、高品質なピノノワールやシャルドネのスティルワインがリリースされている。

近年ワイン市場として注目されているアジアへの進出もはじまった。前述のモエ・エ・シャンドンは、中国では、二〇一三年、寧夏（ねいか）回族自治区にシャンドン・チャイナを設立、二〇一四年にはインドのナーシクにワイナリーを新設し、最先端の生産設備を導入して、高品質なスパークリングワインが生産されている。

結局は、品種よりブランドイメージ？

ＥＵでは、ブドウ栽培面積が規制されている以上、需要にあわせて臨機応変に生産量を増やすことは困難である。シャンパーニュやブルゴーニュのワインは、そのブランド力や知名度もあって、世界的に人気が上昇し、異常なまでに価格が高騰しているが、生産範囲は限定され、最大収量も規制されている。加えて、天候不順が続けば収穫量は減少し、ますます手に入りにくくなる。

生産者側としても、生産拡大を意図するのであれば、畑を購入する必要があるが、シャンパーニュやブルゴーニュの畑は、ワインの価格に比例して、恐ろしく高額である。一ヘクタール当たりの畑の価格は、ブルゴーニュのコート・ド・ニュイやコート・ド・ボーヌで一〇〇万ユーロ以上、グラン・クリュになると、一気に一一〇〇万ユーロを超える。そもそも、こうした畑は売りに出されることが稀である。シャンパーニュも、プルミエ・クリュの畑で一四〇万ユーロ以上、グラン・クリュでは一八〇万ユーロ以上で取り引きされているという。

逆に、南仏のラングドックでは、ワインの売れ行き不振に苦しむ生産者が畑を売りに出すことが少なくない。同じ面積でも、ブルゴーニュやシャンパーニュの一〇〇分の一以下で畑を購入することが可能である。ブルゴーニュやボルドーに拠点を置く有名生産者が、生産拡大をねらって南仏に進出する例もみられる。一九九九年に、ドメーヌ・バロン・ド・ロートシルト（ラフィット）の傘下に入った「シャトー・ド・オーシエール」（コルビエール）が有名であるが、ブルゴーニュの名門アンヌ・グロとトロ・ボーがラングドックのミネルヴォワで生産しているワインも評価が高い。

新世界であれば、さらに効率的で、自由度の高いワイン造りが可能である。コストパフォーマンスの面でも魅力的なワインを安定的に市場に供給することができる。しかも、旧世界に拠点を置く著名な生産者の手がけたワインとなれば、そのブランドイメージを最大限活用しない手はない。

単一品種名のヴァラエタルワインが市場を席捲する新世界にあっても、品種名だけではなく、旧世界で確立されたブランドイメージ、とりわけ有名生産者や有名産地と結びついたブランドイメージが重要性をもつ場面も出てくる。

たしかに、品種名の表示は、ワインのタイプを消費者にわかりやすく伝えるうえで大いに有用である。しかし、それだけでは、競合する他のワインとの差別化や、付加価値の向上は実現できない。結局、新世界においても、高品質ワインの生産地、あるいは、一定の社会的評価を確立することのできた産地がブランド力を獲得していくことになる。そのなかには、特定の品種の栽培適地として有名になった産地も少なくない。たとえば、オレゴンのピノノワール、マールボロのソーヴィニヨンブラン、バロッサ・バレーのシラーズといった例である。

旧世界のワイン造りの技術は確実に新世界にも伝授され、新世界ワインの品質は飛躍的に向上した。品質面での差はなくなり、旧世界の優位性は、もはやそのブランドイメージにしかないのではないか、という冷めた見方もある。じつは、旧世界ワインが警戒すべきは、パリ試飲会で一躍有名になった最高峰の新世界ワインではなかったのかもしれない。世界のワイン市場を一変させた新世界の低価格帯のワインこそ、ＥＵの生産者が警戒すべき存在ではなかろうか。そこで、次章では、台頭する新世界ワインを前にして、ＥＵのワイン法、そして生産者たちがどのような改革を試みているかを見ていくことにしよう。

第5章

「危機」から新時代へ

欧州産ワインの戦い

1 一九九九年のEUワイン改革

競争力のために——九九年規則

一九九〇年代後半になると、それまでワイン消費地でしかなかった新世界の国々で造られるワインは、質においても量においても世界中で売れ行きを伸ばした。価格競争力の高い新世界ワインは、旧世界のワインと肩を並べ、EU産ワインからシェアを奪っていき、とくにEU域外の市場では、EU産ワインは厳しい競争にさらされた。日本など伝統的にヨーロッパのワインが多く消費されてきた国でも、そのシェアは後退し、お膝元であるはずのEU域内の市場でも、イギリスや北欧諸国を中心に新世界ワインの輸入が増えていった。

さらに悪いことに、フランスやイタリアなど域内のワイン大国においては、若者や女性を中心に国民のワイン離れが進み、ワイン消費減少に歯止めがかからない有様であった。輸出市場では新世界ワインに押され、国内でも需要が低下し、余剰ワインは増える一方となったのである。

このような厳しい状況のなかで、フランスをはじめヨーロッパの国々ではどのような対応がとられたかを見ていこう。

EUでは、ワインの競争力強化をはかるべく、繰り返し改革が試みられた。そのひとつが、一九九九年五月に採択されたEUのワイン共通市場制度規則、すなわち、理事会規則1493－1999である。この改革では、畑の再編を促進するための助成金が導入されると同時に、新たに植え付けの権利が認められた。従来、生産調整の観点からブドウ樹の新規植え付けが原則として禁止されていたことはここまで見てきたとおりである。にもかかわらず、この九九年規則では、ＥＵ全体で六万八〇〇〇ヘクタールの新規植え付けが認められた。生産過剰に陥っているのであれば、生産量を抑制しなければならないはずなのに、新規植え付けを認める措置がとられたのは、なぜだろうか。

じつは、それまでにも、植え付けの規制がかえって競争力強化の妨げになっているとする意見はあった。実態を見ると、生産過剰とはいっても、すべてのワインがそうなのではなく、例外はある。人気が集中している一部のクオリティワインや高品質ワインは、需要に供給が追いつかず、価格は高騰していたのである。九九年規則は、こうした人気ワインの増産、さらには、若手の参入促進をねらって、新規植え付けを認めるものであったのだ。

この改革では、市場のニーズに応じたワイン造りが奨励された。消費者の志向にあわせて、もともと栽培されていた品種のブドウを引き抜き、人気のあるブドウ品種を栽培させようというのである。新たな品種を植え付けるためには、当然苗木購入の費用がかかる。しかも、収穫できるまでの数年間は、収入を得ることができない。そこで、九九年規則は、畑の再編、すなわち、品種の植え替えのために栽培農家に助成金を支給することとした。

クオリティワインまで過剰生産に

ワインの生産過剰に対処するため、これまでＥＵで採られてきた措置のひとつに、蒸留措置があった（第3章、一二四頁参照）。しかし、本来この措置は、あくまでワイン市場が「危機的」な状況に陥ったとき、いわば非常時の解決策であった。そして、蒸留措置の対象となるワインは、もっぱら日常消費用のテーブルワインに限定されていた。

当初、EU加盟国の間では、テーブルワインは共同体法の管理統制下に置くこと、これに対して、クオリティワインについては品質の担保・維持は実質的に加盟国にゆだねること、という合意があった。EUがクオリティワインの統制を行うことは想定されていなかったのである。

もともとクオリティワインは生産量がごく限られていたため、供給過剰になる可能性は低かった。しかし、そのクオリティワインが、各生産国で増加していく。高品質ワイン用ブドウ品種への改植が奨励された影響で、ラングドックのようにテーブルワインの大生産地だった地域でもクオリティワインの増産体制が整えられていった。クオリティワインの生産統制が加盟国の裁量にゆだねられていたことが、結果として、EU法の厳格な規制を受けることなく、加盟国がワインの生産量を増大させる事態を招いた。

このようにして生産過剰とは無縁であったクオリティワインも、ついには蒸留措置が避けられない状況となる。フランスやギリシアでは、需要と供給のバランスが大きく崩れた年にクオリティワインの蒸留措置が発動されるようになった。蒸留に際して、生産者には補助金が支給されるため、この措置は、EUの財政を圧迫する原因にもなった。

さらに増えていく余剰ワイン

九九年規則は、二〇〇〇年八月一日に発効した。当時のEU加盟国は一五ヵ国であったが、加盟国が大幅に増えることは想定の範囲内であった。二〇〇四年五月一日に東欧など一〇ヵ国がEUに加盟。二〇〇七年一月一日にはブルガリアとルーマニアが加わった。

ＥＵ拡大は、ワインの生産過剰の不安までも拡大した。新規加盟国のなかに、ハンガリーやルーマニアといったワイン生産国が含まれていたからである。こうした国々が加盟することによって、余剰ワインのさらなる増加が懸念された。

九九年規則による改革は、思惑どおりには進まなかった。その原因は、ＥＵ拡大だけにあったのではなく、蒸留措置そのものに大きな問題の種が潜んでいたからである。

蒸留措置とは、前述のとおり、余剰ワインを蒸留させてエタノールに転用するかわりにその補償としての補助金を給付する政策である。しかし、補助金の存在は、生産者たちに、見込まれる需要以上のむやみな生産増へのインセンティブを与えた。過剰生産の抑制策であったはずなのに、この政策のために、かえって生産量が増加してしまったのである。

補助金にあてる費用は、ＥＵの財政に重くのしかかった。ＥＵのワイン関係予算は全体で一三億ユーロ程度であるが、そのうちの五億ユーロが蒸留補助金に投入される状態になってしまった。

競争力強化の一環として、新たにブドウ樹を植え付ける権利が認められたことも、失敗の一因となった。競争力のある一部のクオリティワインの増産や若手の新規参入をねらいとした施策であったが、結果としてワイン生産量はさらに増加した。いずれにしても、九九年規則は、過剰生産への対応という観点からすれば全体として矛盾していたとしかいえず、生産調整はいっそう困難なものとなったのである。

2 抜本的な改革をめざして——二〇〇八年の改革

「現状維持」の脱却へ——二〇〇六年の報告書

一九九九年の改革の失敗が明白となった二〇〇〇年代後半、欧州のワイン市場は、より根本的な改革を求められていた。

欧州委員会は、ワイン部門のさらなる改革に向けて利害関係者から意見の聴取を試みた。そのひとつが、二〇〇六年二月一六日に行われた「欧州ワインの将来展望と挑戦」というセミナーである。

欧州委員会は、このセミナーにおける議論や現行制度の外部評価をふまえ、二〇〇六年六月二二日、「持続可能な欧州のワイン部門に向けて」と題する報告書をまとめた。この報告書は、考えられる四つの選択肢を提示したうえで、ワイン共通市場制度の根本改革を提案するというものだった。

報告書に示された選択肢とは、「現状維持」「共通農業政策の原則にしたがったワイン共通市場制度の改革」「全面的な規制緩和」「抜本的な改革」の四つである。このうち「抜本的な改革」以外の三つは、いずれもワイン部門が抱える問題を解決するには不十分だと評価された。「現状維持」では、余剰ワイン問題を解決することができず、EU産ワインの競争力低下に対処することもできない。「共通農業政策の原則にしたがったワイン共通市場制度の改革」についても、他部門と同一の共通市場制度改革をそのままワイン部門にあてはめるのは困難であって、非現実的である。「全面的な規制緩和」も、市場や地域経済の混乱を招くおそれがあり、避けるべきだというのである。

報告書は、唯一実現可能な選択肢として、一般の共通市場制度とは異なるワイン部門固有の制度を維持しつつも「抜本的な改革」を断行し、持続可能なワイン部門をめざすことを提言するものであった。

現状分析と課題

二〇〇六年の報告書は、ＥＵ産ワインをめぐる危機的な市場の現状について、以下の事実を指摘している。

・ＥＵ加盟国におけるワイン消費量は、毎年七五万ヘクトリットル（全消費量の〇・六五パーセントに相当）ずつ減少している。
・年間一五〇〇万ヘクトリットルのワインが構造的な過剰生産となっている。これは、ＥＵ二五ヵ国のワイン生産量の八・四パーセント程度に相当する。
・余剰ワインを蒸留し、工業用アルコールに転用する措置は、必須のものになってしまっている。
・ワインの在庫は増加傾向にあり、一年間の生産量を超えている。その在庫が完全に売却される可能性はきわめて低い。こうした状況は、ワインの価格や生産者の収入を下落させる要因となっている。
・ＥＵ域外からのワインの輸入量は、域外への輸出量よりも高いペースで増加している。将来、ワインの輸入量が輸出量を上まわる可能性がある。
・新世界ワインの生産量が増加し、販売量も増えているなかで、ＥＵのワイン生産者は、その競争力の強化を迫られている。

また、共通市場制度それ自体もさまざまな問題点を抱えており、同報告書では次のように指摘している。

・ブドウの新規植え付けが認められたり、収量が増加したりしたため、ワインの生産抑制が効果をあげていない。
・栽培制限は、生産コストを上昇させる原因となっている。
・自由にブドウが栽培できる新世界ワインの生産国と比べて、EUのワイン生産者は不利な状況に置かれている。
・栽培規制に反して、違法に植え付けられたブドウ畑の面積は、EU二五ヵ国のすべてのブドウ畑の面積の二パーセント程度（約六万八一〇〇ヘクタール）に相当する。
・蒸留措置は、ワイン生産者の所得補償のための効果的な措置とはなっていない。売りさばけない余剰ワインを処分するための常套手段になってしまっている。
・EUワイン法の定める厳格な醸造法は、競争力強化の妨げになっている。
・EUのラベル表示規制は、EU域外の国々から批判を受けている。

このほか、ラベル表示のルールについても、報告書は問題点を指摘する。EU法上はクオリティワインではないものの、地理的表示を付したワインが増えており、消費者の混乱を引き起こしている。また、地理的表示を使用できないワインについては、収穫年や品種名の表示も禁止されており、売り上げの足枷になっているというのである。EUワイン法の定義、醸造法に関する規制、品質分類があまりにも複雑であるという指摘もなされた。

改革の目標と要点

こうした問題をふまえ、報告書は、抜本的な改革に向けて、以下の三つの目標を掲げた。

①EUのワイン生産者の競争力を高め、EU産の優良ワインが世界最高レベルであるという名声を確立し、奪われた市場を取り戻し、EUおよび全世界で新たな市場を獲得すること。
②需要と供給のバランスがとれた効果的で明確かつ単純なルールにもとづく制度を確立すること。
③多くの農村地帯の社会組織を強化するとともに、環境を尊重して造られる欧州のワイン生産のよき伝統を維持する制度を確立すること。

報告書において提案された改革の具体的内容は多岐にわたるが、ここでは、以下の三点に言及しておきたい。

第一に、栽培制限制度に関する改革であるが、この制度は、ワインの過剰生産を抑制するために、早くからEUワイン法に取り入れられてきた主要政策のひとつである。栽培制限制度の下では、「栽培権」（フランス語ではdroit de plantation）として認められた面積の範囲内でしかブドウを栽培することができず、この権利なしに畑を拡張することは違法とされてきた。しかし、このような制限の下では、ある程度過剰生産を抑えることができるにしても、新世界ワインに対抗できる低コストで競争力の高いワインの生産を行うことは難しい。そこで、思い切って栽培制限制度を廃止し、ブドウの新規植え付けを認める方向での改革が進められることとなったのである。

もっとも、どのように廃止するかについては、栽培制限制度をいきなり廃止する案と、段階的に廃止する案の二案が提案された。後者の案は、減反奨励金を支給し、栽培面積の削減をめざしつつ、段階的に栽培制限制度を廃止していくものである。

また、補助金関係では、ワイン事業から完全に撤退した農家には補助金が支給される一方、ＥＵの財政が逼迫する原因となっていた余剰ワインの蒸留に対する補助や、供給過剰による価格下落を防ぐために行われてきた在庫補助も廃止となる。

第二に、ワイン醸造に関する改革である。ブドウを原料とするマスト（濃縮果汁）の使用を促進するため、補糖を目的とするショ糖の使用を禁止するとともに、事実上、補糖のためにはマストの使用に頼らざるを得なくなることから、補糖用マストを使用する場合に支給されてきた補助は廃止する。さらに、補糖の上限を厳しくし、二パーセント（南欧の生産地域については一パーセント）とする。

新たな醸造法を承認したり、変更したりするのは、欧州委員会の権限とする。ＯＩＶが認めた醸造法は、ＥＵでも承認することにするが、それを委員会規則に取り入れるかどうかは欧州委員会の判断にゆだねる。

第三に、ラベル表示に関する改革である。共通市場制度発足以来ずっと維持されてきた「クオリティワイン」と「テーブルワイン」の分類は廃止され、「地理的表示付きワイン」と「地理的表示なしワイン」という分類が導入される。また、地理的表示付きワインについては、「保護原産地呼称ワイン」と「保護地理的表示ワイン」という二つのカテゴリーを設ける。地理的表示なしワインについても、品種名と収穫年の表示を認める。

そして合意へ

以上のような内容からなる「ワイン共通市場制度に関する理事会規則案」が、二〇〇七年七月四日に公表された。栽培制限制度については、即時に廃止するのではなく、段階的に廃止することとし、栽培制限制度の存続期間中に減反奨励金を支給し、栽培面積の削減をめざす案が採択された。

この理事会規則案に対しては、各加盟国政府より種々の要望が出され、いくつかの修正が施されたが、二〇〇七年一二月一九日の農相理事会において規則案は合意にいたった。これが二〇〇八年四月二九日に理事会で採択され、二〇〇八年八月一日に理事会規則479－2008（以下、二〇〇八年規則）として発効した。なお、重要な修正事項として、当初の案では禁止されることになっていたショ糖による補糖行為が容認された点があげられる。

コラム　補糖禁止のねらい

糖度の低いブドウでワインを造ろうとする際、発酵に必要な糖分を補う目的で「補糖」が行われる。一般には低コストなショ糖が使われるのだが、欧州委員会の提案は、それを禁止して、かわりにブドウの濃縮果汁（マスト）を用いる方法に切り替えさせようというものであった。ブドウを原料とするマストが使われれば、その分、余剰ワインを減らせるからである。

それまでにもマストによる補糖は行われていた。だが、補糖用マストは、ショ糖よりもはるかに高コストであり、生産者の負担が大きい。そのため、従来はマストを使用する生産者には補助金が支給されていた。この提案で、欧州委員会は、強制的にマストを使用させ、ブドウ需要を増やしながら補助金による出費までをも削減しようとしたわけである。

3　二〇〇八年の改革は成功したか?

減反政策の帰結

二〇〇八年規則による改革のうち、ここでは、減反政策、栽培制限制度の廃止、そして、ラベル表示規制の改革について、その後の経過を少し詳しく見ておきたい。

減反政策は、二〇〇八年改革の第一段階に位置づけられた。構造的な生産過剰を解消するべく、ブドウ畑の大規模な減反がめざされた。三年がかりで、合計一七万五〇〇〇ヘクタールのブドウ畑を減反し、ワインの生産量を抑制しようという計画である。

減反奨励金のための予算として計上されたのは、初年度の二〇〇八年度が四億六四〇〇万ユーロ、二〇〇九年度は三億三四〇〇万ユーロ、そして最終年度の二〇一〇年度には二億七六〇〇万ユーロであった。日本のブドウ畑の総面積（大半が生食用ブドウ）が一万八〇〇〇ヘクタール程度であるから、その一〇倍近い畑が三年間で消滅する計算になる。

年度ごとに支給額が減少する逓減方式が採用されたため、減反の希望は初年度に殺到した。国別で見てみると、減反される面積が最大となったのはスペインである。

スペインは、ブドウ栽培面積では世界一であり、三年間で九万ヘクタールを超える畑が減反された。同国のブドウ栽培面積全体の九パーセントに相当し、ドイツの全栽培面積（約一〇万ヘクタール）に近い規模である。

フランスでは、日常消費用ワインを大量に産するラングドック・ルシヨン地方の減反希望が圧倒的に多く、この地域の生産者が置かれている苦境を浮き彫りにする結果となった。フランスで実際に減反された畑の大部分、じつに七割以上がここに集中している。その減反面積は、約一万五九〇〇ヘクタールであり、ラングドック・ルシヨン地方のブドウ栽培面積全体の約六パーセントに及ぶ。

減反されたのは、日常消費用ワイン向けの畑だけではなかった。ラングドック地方のコルビエールは、れっきとしたＡＯＣワインの産地であるが、三年間で約一〇〇〇ヘクタールの畑が減反されている。

減反奨励金は、どこでも一律に支給されたわけではない。一ヘクタール当たりの収量の高い畑ほど多く支払われる仕組みになっていた。高収量の畑が減反されることになれば、生産量が大きく抑制されるだろうという発想があった。

ところで、三年間にわたる減反政策は、しかるべき成果をあげることができたのであろうか。たしかに、減反奨励金によって栽培面積は減少したが、二〇〇〇年代と二〇一〇年代の生産量を比較し、スペインやフランスのワイン生産量が大きく減少しているかどうかは、ＯＩＶの統計を見ても明確には確認することができない。

やはり過去の減反と同様、今回の減反でも、見た目の栽培面積は減少しても、その減少分を補うべく、既存の畑で収量を高める取り組みが行われた可能性もあり、結果としては、ブドウ生産量はたいして減少せず、ワインの生産削減も期待されたほどではなかったようである。

栽培制限制度の一部緩和

すでに述べたように、ＥＵは、減反政策を推進する一方で、従来の栽培制限制度を撤廃し、ブドウ栽培を自由化するという提案を行っていた。九九年の改革でも、ブドウ栽培面積を拡大する措置がとられたが、このときは、需要の多い一部のクオリティワインの生産量の拡大や若手の新規参入を促すことがめざされた。

これに対して、二〇〇八年の改革は、新世界ワインにも対抗できるようなコストパフォーマンスの高いワインの生産を実現するために、栽培の自由化を進めようとしたのである。栽培制限を完全に撤廃し、効率的な大規模経営が行われれば、生産コストは下がり、新世界ワイン並みの低価格が実現されるというのが欧州委員会の目論見であった。

当初、二〇〇八年規則では、栽培制限制度は、遅くとも二〇一八年末をもって廃止されるはずであった。しかし、多くのワイン生産国が、激しく反発し、この計画は撤回に追い込まれた。生産国各国は、植え付けの自由化によって、ワインの供給過剰とそれにともなう価格下落が生じることを懸念し、栽培制限制度の維持を求めたのである。

結局、加盟国の合意を得るために、ブドウの新規植え付けに許可を必要とする新たな制度が提案された。この制度によると、新規植え付けの許可面積には、毎年上限が設けられ、その国の栽培面積の一パーセントを超えて新規に植え付けることはできない。また、加盟国や産地の判断で、これよりも厳しい上限を設定することも認められた。つまり、もし栽培面積の拡大が時期尚早だというのであれば、加盟国の裁量で新規植え付けを禁止し続けることもできるのである。この制度は、二〇三〇年まで維持される予定であり、懸念されていた急激な栽培面積の増加や供給過剰は一応避けられることとなった。

ラベル表示規制の改革

二〇〇八年の改革は、ＥＵのワイン産業の根本的な改革をねらったものであったが、一般の消費者の目に見える形でも変化があらわれた。その最たるものは、おそらくラベル表示の改革ではなかろう

従来のAOCラベル（左）と新しいAOPラベル（右）

か。

歴史的に、ワイン部門にはその特殊性ゆえに他の農産物とは大きく異なる制度が適用されてきた。しかし、ＥＵでは、共通農業政策改革の流れに沿って、ワインについても他部門と同一の制度を適用しようとする動きが強まり、ＡＯＰ・ＩＧＰという域内統一表示がワインでも採用されるはこびとなった。これにより、クオリティワインとテーブルワインの区分は、二〇〇八年の改革をもって完全に放棄された。ワイン部門の特殊性を前面に押し出すよりも、むしろ他部門と同じ枠組みの下で地理的表示の保護をはかり、普遍的性格を強調していくのが得策だということであろう。

ワインのラベルに記載されるのは地理的表示や産地名にとどまらない。生産者名、品種名、収穫年、アルコール濃度等々、さまざまな事項がラベルに記載されている。これらの事項についても、ＥＵ法において厳格な条件が定められており、その条件に適合したラベルを付すことが義務づけられてきた。

ＥＵの生産者のなかには、このような規制に不満をもつ者も少なくなかった。新世界のワイン生産国の法令にくらべて過度に厳しい表示規制は、EUの生産者に不利な競争を強いるものだったからである。さらに、EUの厳しい表示規制は、貿易の障壁になるものであるとして、合衆国を中心とする域外の生産国からも批判を受けていた。そこで、二〇〇八年の改革では、ラベル表示規制が部分的に緩和されることになったのである。

AOP・IGPという域内統一表示がワインでも導入されたとはいえ、従来の表記が完全に消滅したわけではない。EU法のAOP表示のかわりに、加盟国が従来から原産地呼称・地理的表示に用いてきた伝統的な表現、たとえばフランスのAOC、イタリアのDOCG、スペインのDOといった表現を使用することも認められている。

改革から一〇年が経過し、フランスでは、南仏を中心にAOPと記載したワインが主流となりつつあるのは事実である。しかし、ブルゴーニュやボルドーの高級ワインは、依然としてAOCと記載するものが大多数である。他方で、従来のヴァン・ド・ペイについてはIGPへの一本化が進み、「ヴァン・ド・ペイ・ドック」から「IGPペイ・ドック」のような表記に切り替わっている。「ヴァン・ド・ペイ」の表記を見かけることは、最近ではほとんどなくなった。

コラム EUワイン法におけるラベル記載事項

EUのワイン法では、かならずラベルに記載しなければならない「義務的記載事項」と、一定の条件を満たした場合に限って記載することのできる「任意的記載事項」がある。二〇〇八年の理事会規則479－2008にもとづいて定められたラベル表示規則（委員会規則607－2009）は、以下の義務的記載事項および任意的記載事項を列挙している。

（1）義務的記載事項

①ブドウ生産物の品目名（ワイン、ヴァン・ムスーなど）

②「保護原産地呼称」または「保護地理的表示」の記載、当該AOP・IGPの名称（AOP・IGPワインのみ）

③アルコール濃度

④原産国

⑤瓶詰め元・生産者名などの表示

⑥輸入元表示（輸入ワインのみ）

⑦発泡性ワインなどの糖分含有指標（ブリュット、ドゥミ・セックなど）

（2）任意的記載事項

①収穫年（醸造年）

②ブドウ品種名

③糖分含有指標（発泡性ワイン以外のワイン）

④伝統的表現（シャトー、シュール・リー、グラン・クリュなど）

⑤AOP・IGPのマーク

⑥醸造法に関する記載（樽発酵、樽熟成、トラディショナル・メソッドなど）
⑦より限定された、または、より広範な別の地理的単位
＊なお、これらのほかに、二酸化硫黄をはじめとするアレルゲンの表示や、製造ロットの表示などが、別のＥＵ法によって義務づけられている。

ＥＵ版セパージュワインの容認へ

二〇〇八年改革では、地理的表示付きワインだけでなく、地理的表示なしワインについても、収穫年や品種名（セパージュ）の表示が可能になった。これにともない、新たに「地理的表示なしセパージュワイン」と呼ばれるカテゴリーが誕生した。

もっとも、どんな場合でも品種名が表示できるわけではなく、加盟国は、その表示の正確性をチェックする制度を設けることになっている。また、加盟国は、国内法により、特定のブドウ品種を使ったワインについて、その品種名の表示を禁止することができる。

たとえば、フランスでは、リースリング、ゲヴュルツトラミネール、アリゴテといった品種名は、地理的表示なしワインには表示することが禁止されている。それらの品種名が表示されていると、消費者が原産地呼称ワインと誤認するおそれがあるからである（リースリングやゲヴュルツトラミネールはアルザス、アリゴテはブルゴーニュの地理的表示ワインに用いられる特徴的な品種名）[84]。

また、イタリアでは、多くのブドウ品種名が産地名と結びついて原産地呼称を構成している（たとえば、アスティ地方のバルベーラ・ダスティ、エミリア・ロマーニャ州のサンジョヴェーゼ・ディ・

ロマーニャなど）。よって、地理的表示なしワインに表示することのできる品種名はきわめて限られている。表示が認められている品種名は、シャルドネ、メルロ、カベルネソーヴィニヨンといった国際品種のみとなる。[85]

ラベル表示規制の緩和にともない、日本でもEU産の地理的表示なしワインで、品種名や年号が表示されたものをよく見かけるようになった。EU諸国のワイン産地名は、一部の有名産地を例外とすれば、日本の一般の消費者にとって馴染みがあるとはいいがたい。むしろ、細分化された原産地呼称よりも、品種名のほうが消費者にアピールしやすい場合もある。たとえ産地名を表示できないワインであっても、品種名を表示できるのであれば、消費者にワインの味わいや特徴をイメージさせることが可能になる。

新世界のテーブルワインが成功したのは、品種名を表示することによって、消費者の支持を得ることができたことに大きく拠っている。今後は、新世界ワインと同じように、単一品種のワインの生産がEU諸国においても増えていくことも考えられる。

コラム　ボトルに関するEU法の規制

EU法ではラベル表示だけでなく、ボトルに関する規制も定められている。二〇〇八年改革以前より、EU法は、特定の形をした瓶につき、その使用条件を定めている。対象になっている瓶の形状は、フルート・ダルザス、ボックスボイテル、クラヴラン、トカイの四種である。

フルート・ダルザスと呼ばれるボトルは、フランスワインのうち、AOCアルザス、AOCタヴェル（ロゼのみ）、AOCコート・ド・プロヴァンス（赤とロゼのみ）など特定の原産地呼称ワインだけが使用することができる。ただし、他のEU加盟国のワインにまでは保護は及ばない。ドイツやオーストリアのワイン、輸入ワインがこの形状のボトルを使用することは可能である。

ボックスボイテルと呼ばれるボトルは、動物の皮袋の形をしており、ドイツのフランケンやバーデンのAOPワイン、イタリアのアルト・アディジェとトレンティーノのAOPワイン、一部のポルトガルワインやギリシアワインなどに使用が限定されている。それ以外の国や産地のワインをこのボトルに詰めることは認められていない。なお、かつて日本でもよく飲まれていた「マテウス・ロゼ」は、この形のボトルの使用を特別に認められたポルトガル産ワインである。

同様に、クラヴランと呼ばれるボトルは、フランスのジュラ地方の特定の原産地呼称ワイン（コート・デュ・ジュラ、アルボワ、レトワール、シャトー・シャロン）に限って使用が認められる。フランスの他の産地のワインや他の加盟国のワインに使用することはできない。なお、クラヴランは、ジュラ地方の「ヴァン・ジョーヌ」（黄色いワインを意味し、樽で六年以上長期熟成されたジュラ地方の辛口ワイン）で伝統的に使われてきたボトルであり、内容量は例外的に六二〇ミリリットルとなっている。

世界三大貴腐ワインのひとつ、トカイワインに使われるトカイ型のボトルは、ハンガリーとスロヴァキアの二ヵ国で規制の対象となっている。

4　新時代のワイン法へ

フランスの戦略

ＥＵワイン法の改革と並行して、各加盟国レベルでも改革が試みられている。フランスでは、二〇一四年、フランス農業省が管轄する公施設法人FranceAgriMer（フランスアグリメール）が『二〇二五年のワイン産業の見通しにもとづく戦略的計画』（Plan stratégique sur les perspectives de la filière vitivinicole à l'horizon 2025）を発表した。その計画には、以下の五つの目標が掲げられている。

①市場獲得手段の強化
②社会的要請および環境保全の要請に対する対応
③人的資源の強化とワイン産業の改革
④フランスワインの質および量の改善
⑤ワイン業界のガバナンス強化

これらの目標のうち、①市場獲得については、フランスワインの輸出量拡大、国際市場に向けたプロモーションの強化、ワイン市場の経済的分析の強化、研究および技術革新の奨励、国内市場に向けた地理的表示や品質保証制度のキャンペーン、ワインツーリズムの支援といった具体的措置が示されている。

②社会的要請および環境保全の要請については、健康の観点から酒類の広告やプロモーションを厳しく規制する「エヴァン法」への対処が問題となる。この法律の下で、どの程度の表現であれば許されるのかを明らかにし、消費者に対してワインの節度のある消費を推奨することが課題である。同様に、環境や公衆衛生に対する影響を軽減するための技術革新、有機農法および有機ワインの促進も重要であろう。

③人的資源の強化とワイン産業の改革については、若手に有利な支援制度の運用、若手に対する栽培許可の優先的配分、二〇〇八年改革では見送られたショ糖による補糖の廃止が提案されている。

④フランスワインの質および量の改善については、ブドウ樹の植え付けを管理することによってワイン生産量を最適化すること、畑の改良の奨励、病害対策の強化といった措置が打ち出されている。そして、⑤ワイン業界のガバナンス強化に関しては、同業者団体の地位強化や連携促進などが提案されている。

これまでのEUレベルの改革に比べてとくに目新しい点が含まれているわけではないが、フランス国内のワイン市場が縮小し、国外においてもフランスワインの優位性が自明のものとはいえなくなってきている状況にあって、フランスのワイン産業の競争力強化をねらった戦略であったといえる。なお、二〇一九年一月にFranceAgriMerが公表した文書によると、輸出に関しては、高価格帯のワインが好調だという。

「新世界化」するＥＵ産ワイン

二〇〇八年改革の影響として、この一〇年余の間に、ラベルに品種名を記載するＥＵ産ワインが多くなってきた。また、伝統的に栽培されてきた品種ではなく、国際品種を栽培する生産者も増えてきている。

このような傾向が、改革前の早い段階から顕著にみられたのがイタリアのトスカーナ地方である。イタリアは、数千年にわたるワイン造りの歴史があり、「エノトリア・テルス」（ワインの大地）と呼ばれてきた。南北に長細い国土を有し、イタリア全土がブドウの栽培適地で、各地でそれぞれ土着の固有品種が栽培されてきた。また、前述のように、原産地呼称が品種名と結びついていることも少なくない。

しかし、一九八〇年代頃から、従来のワイン法の枠組みにとらわれるのではなく、あえて国際品種を使用したワインや、ワイン法では白ブドウのブレンドが義務づけられているにもかかわらず、黒ブドウのサンジョヴェーゼだけを使ったワインなどが生産されるようになった。こうしたワインは、原産地呼称の基準を満たしていないため、ワイン法上は格下のワインとなるが、実際にはその品質の高さが注目を集めた。前述したスーパー・タスカンなどがその代表例である。

こうした傾向は、イタリアのワイン法をも動かし、こんにちでは、国際品種を使用したワイン、あるいは、白ブドウの使用を排除したワインであっても、原産地呼称を名乗れるようになっている。

フランスでも、消費者の志向にあわせたブドウ品種の植え替えが進んでおり、品種選択の自由度が高いＩＧＰカテゴリーのワインを中心に、単一品種名のヴァラエタルワイン、しかも、国際品種を使用したワインが目立つようになってきた。市場を見据えた、フランスワインの「新世界化」とでもいうべき現象である。

品種別で見ると、ピノノワールの栽培面積が増えている。ピノノワールは、ブルゴーニュの赤ワインに用いられる高級品種であるが、近年、ブルゴーニュワインの価格高騰が著しく、「AOCブルゴーニュ」のワインですら、気軽に買える値段ではなくなってきている。そこで、ブルゴーニュ以外の産地、とくに南フランスなどでも、人気品種であるピノノワールの栽培を試みる生産者が増えているのである。同様に、ローヌ北部のAOCコンドリューで用いられる品種であるヴィオニエも、その華やかな香りゆえに消費者の人気が高く、これを栽培する生産者が増加しているという。他方で、ラングドックの主力品種であったカリニャン、サンソー、アリカンテ、アラモンといった品種の栽培面積は大きく減少している。

かつて「フランスのワイン工場」と呼ばれた南仏ラングドックは、ボルドーやブルゴーニュなどフランスの有名産地にくらべると、ブランド力に劣っており、どうしても大量生産の安ワインのイメージがつきまとう。そこで、伝統的なワイン造りに拘泥するのではなく、人気品種に植え替えることによって、少しでも付加価値を高めていこうという動きが広がっているのである。それはまさしく、「セパージュ」主義の考え方にもとづいて、新世界のワインが実践してきたことにほかならない。

「輸出」されるGI制度

二〇〇八年の改革は、「地理的表示付きワイン」と「地理的表示なしワイン」を明確に区分し、地理的表示（ＧＩ）の有無を基準とするワイン法を導入した。この改革によって、「地理的表示付きワイン」が差別化されるとともに、地理的表示の「見える化」が実現したといってもよい。

ＥＵ諸国、とりわけフランスや南欧の国々は、ことのほか地理的表示の保護に熱心である。それらの国々では、ワインやチーズ、農産物など、数々の地理的表示が登録されており、国内のみならず、その多くが国外に輸出されている。

しかしながら、ＥＵ域外の輸出先の国では、それらの地理的表示がきちんと保護されるとは限らない。地理的表示が一般名詞のように用いられたり、まがい物が流通する可能性も排除できない。また、そもそも、ＥＵ域外の国では、地理的表示制度自体が知られていないこともある。

そこで、ＥＵは、域外の国に対して、ＥＵの地理的表示の保護を要請するだけでなく、その国の国内法によって地理的表示保護制度を導入するよう働きかけてきた。いわば地理的表示制度そのものを世界に「輸出」しているのである。それは、「テロワール」主義的な考え方を世界に広めようという戦略なのかもしれない。

もちろん日本も例外ではない。二〇一四年に制定された地理的表示法（特定農林水産物等の名称の保護に関する法律）は、日・ＥＵ間のＥＰＡ（経済連携協定）締結を視野に、ＥＵ側の要請に応じて立法化されたものである。この法律の内容を見てみると、ＥＵの地理的表示法に倣って作られたものであることがわかる。

５　ワイン法と日本

日本版「ＡＯＣ法」の成立

本書では、フランスを中心にしてワイン法の歴史や現状について述べてきたが、最後に、日本のワイン法や地理的表示制度との関連性について触れておきたい。

日本は、長らくフランスなどＥＵ産ワインの重要な輸出先であったことはすでに見たところであるが、最近では「ＥＵワイン法」の輸出先にもなりつつある。そのような兆候は、ＥＵワイン法を意識した日本版「ワイン法」の成立、ＥＵワイン法との「相互乗り入れ」を実現した日・ＥＵのＥＰＡ、そして、ワインは対象には含まれていないものの、前述の地理的表示法の成立に見ることができる。

このうち、二〇一四年の地理的表示法は、まさに日本版「ＡＯＣ法」とでも呼びうるほどＥＵの地理的表示制度に近い内容になっている。ただし、ワインなどの酒類は対象から除外される。

地理的表示法では、生産者団体が登録申請を行い、三ヵ月間の公示期間の後、学識経験者の意見聴取を経て、農林水産大臣がＧＩを登録する手続きとなっている。登録申請にあたっては、確立した産品の品質や社会的評価が求められ、産地と産品の特性との結びつきが登録の要件となっている。

地理的表示として産品が登録された場合、ＧＩ登録産品を販売する者は地理的表示を使用できるが、それ以外の者による地理的表示の使用は規制される。地理的表示の使用規制は、ＧＩ産品の直接の販売・流通だけでなく、広告やインターネット販売サイト、あるいは、外食のメニューでの使用にも及ぶ。

農林水産物のGIの登録は、二〇一五年一二月にはじまり、わずか三年半で八〇件以上の産品が登録されている。食用に供される農林水産物や飲食料品のほか、非食用の農林水産物や飲食料品以外の加工品も含まれており、これまでに、藺草（いぐさ）、畳表、生糸、木炭といった産品のGIも登録されている。また、海外のGIの登録も可能であり、後述する日・EUのEPAの発効に先駆けて、イタリアの「プロシュット・ディ・パルマ」が二〇一七年九月に登録されている。また、EU以外では、ベトナムの「ブオン・マ・トゥオット・コーヒー」「ルックガン・ライチ」「ビントゥアン・ドラゴンフルーツ」の登録が申請されている（二〇一九年八月現在）。

GIの導入より、模倣品が排除されるだけでなく、産品の認知度向上、取引の増大、地域担い手の増加などの副次的効果があらわれつつある。さらに、生産者側でも、品質管理重要性の認識の高まりや、より良い産品を生産しようとする意欲の向上といった効果がみられるという。

酒類GIの運用

農林水産物のGI制度は、ごく最近はじまったものであるが、酒類のGI制度は早くから導入されていた。一九九五年のWTOの発足にともない、TRIPS協定で、ワインおよび蒸留酒のGI保護制度を設けることがWTO加盟国に義務づけられたため、日本では、酒類業組合法にもとづき、国税庁長官が告示によって地理的表示を指定する制度が設けられた。

当初は、「壱岐」「球磨」「琉球」といった焼酎・泡盛のGIのみであったが、二〇〇五年、はじめて清酒のGIとして「白山」が指定され、二〇一三年にはワインのGIの第一号として「山梨」が指定された。

その後、二〇一五年には、国税庁により新たに「酒類の地理的表示に関する表示基準」が制定されるとともに、「酒類の地理的表示に関するガイドライン」によってGI指定を受けるための基準や手続きが明確化された。これ以降、新たに指定される酒類のGIは徐々に増えており、清酒の「日本酒」「山形」「灘五郷」、ワインの「北海道」が指定された。

また、海外の酒類GIとして、後述するEUの酒類GIのほか、ペルーのピスコ・ペルー、チリのチリ産ピスコ、メキシコのテキーラ、メスカル、ソトール、バカノラ、チャランダが日本国内で保護されるGIとなっている。

酒類GIの指定手続きは、前述の二〇一五年のガイドラインに示されており、EU法を意識したものとなっている。たとえば、地理的表示の指定を受ける要件として、「酒類の特性が酒類の産地に主として帰せられる」ことが必要であるが、それは、「酒類の特性とその産地の間に繋がり(因果関係)が認められることであって、その産地の自然的要因や人的要因によって酒類の特性が形成されていることをいう」とガイドラインに明記されている。まさしく、EU法におけるGIの基本的な考え方が反映されているといえよう。

また、GIワインの生産条件に関しても、「産地内で収穫されたぶどうを八五パーセント以上使用し、「原料とするぶどうの品種を適切に特定し、品種ごとのぶどうの糖度の範囲を適切に設定すること」が求められる。さらに、補糖・甘味化、補酸、除酸、総亜硫酸、アルコール分、総酸、揮発酸の値を適切に設定することが義務づけられている。二〇一五年以降の酒類GI制度は、フランスの一九三五年のデクレ＝ロワに近い水準になっていると見ることもできよう。

ＥＵワイン法との「相互乗り入れ」――日・ＥＵのＥＰＡ

日・ＥＵのＥＰＡは、二〇一九年二月に発効した。これにより、日本とＥＵの双方が、相互に地理的表示を保護することになった。農林水産物については、日本側四八産品がＥＵにおいて保護され、ＥＵ側七一産品が日本で保護される。酒類については、日本側八産品がＥＵにおいて保護され、ＥＵ側一三九産品が日本で保護される。

ＥＰＡでは、酒類のみならず、農林水産物についても、高い水準の保護がなされることになった。つまり、真正の産地を記載している場合（北海道産ロックフォール・チーズ）、「〇〇種」「〇〇タイプ」「〇〇スタイル」といった表現（たとえば「コンテ風チーズ」「フェタ・タイプのチーズ」のような表現）をともなう場合などでも、生産基準書に適合しない商品に使用すると地理的表示の侵害とみなされる取り扱いとなる。

日・ＥＵの「相互乗り入れ」はＧＩ分野にとどまらない。ワイン醸造や添加物についてもハーモナイゼーション（基準の調和）が進められる。これまでは、ＥＵワイン法で認められた添加物であっても、日本で認められているものでなければ、それを使用したワインを輸入することは不可能であった。たとえば、ワインの清澄化のためにヨーロッパで広く使用されているメタ酒石酸がそうであり、日本ではその添加が認められていないことから、メタ酒石酸を使用したワインは日本に輸入することができなかった。

ヨーロッパのワイン生産者や日本の輸入業者からは、こうした規制は非関税障壁であるとして、たびたび不満の声があがっていたところである。また逆に日本で認められている醸造方法・添加物がＥＵでは認められておらず、日本ワインの輸出の障壁となることもあった。

そこで、ＥＰＡにおいても、二〇一九年二月以降、三段階に分けて、日・ＥＵの双方で醸造方法・添加物を承認するための手続きを進めることとなった。対象になる添加物は、日本側二五品、ＥＵ側二八品である。

日本側では独立行政法人酒類総合研究所が、食品添加物指定に必要なワイン添加物の安全性および有効性に関する調査・試験を実施する。この手続きが完了すれば、新たに認められた添加物を使用したＥＵ産ワインの輸入が可能になるほか、日本のワイン生産者にとっても、ＥＵで承認された醸造方法・添加物が認められることにより、より効率的なワイン醸造を行うことができるメリットがある。

ＥＰＡは、日本ワインのＥＵ向け輸出については、国税庁の定めた「日本ワイン」の定義に適合するワインに限って、ＥＵワイン法の基準によることなく輸出を認めた。その意味では、ＥＵワイン法が適用されない領域を例外的に設けることになったといえる。しかし、添加物に関しては、ＥＰＡを介して、日本のワイン造りにもＥＵ法の影響が及ぼされることとなったのは明らかである。

ＥＵ法に近づいたラベル表示のルール

二〇一八年一〇月から完全施行された日本のワイン法とでもいうべき国税庁告示「果実酒等の製法品質表示基準」は、ラベル表示に限ってではあるが、ＥＵ法の影響を少なからず受けている。すなわち、ブドウ品種名の表示に関し、「表示するぶどうの品種の使用量の合計が八五パーセント以上を占める場合に限り、当該ぶどうの品種名をその容器又は包装に表示できるものとする」とし、また、収穫年の表示に関しても、「表示する収穫年に収穫したぶどうの使用量が八五パーセント以上を占める日本ワインに限り、その容器又は包装に表示できるものとする」と定め、いずれも、EUワイン法と同じ「八五パーセント」ルールを採用している。

従来、これらの表示基準は、業界団体の自主基準（日本ワイナリー協会ほか、ワイン表示問題検討協議会「国産ワインの表示に関する基準」）にゆだねられていたものであり、そこでは、ブドウ品種名や収穫年の表示に際し、「七五パーセント以上」とするルールが採用されていた。しかし、二〇一〇年代に入って、日本ワインが本格的にEUに輸出されるようになると、品種名や収穫年の表示についてEU法にあわせた基準を定めることが避けられない状況となり、輸出用ワインのみならず、一般の日本ワインについても、表示基準が「七五パーセント」から「八五パーセント」に引き上げられることになったのである。

地名表示の基準については、どうであろうか。EUにおいては、一般に、地理的表示ワインでなければ地名を記載することはできない。これに対して、国税庁の表示基準では、地理的表示ワインでなくても、一定の条件を満たした日本ワインであれば、地名の表示が認められる。収穫地の地名については、「原料として使用したぶどうのうち、同一の収穫地で収穫されたものを八五パーセント以上使用した場合の当該収穫地を含む地名」であれば表示が可能である。

ただし、収穫地の「地名のみ」を表示するための条件は厳しく、表示する地名が示す範囲に醸造地が存在していなければならない。そうではない場合については、「〇〇産ブドウ使用」など、ブドウの収穫地を含む地名であることが分かる方法により表示することが必要となる。

EU法における地理的表示ワインの基準は、前述のようにAOPとIGPで異なるが、IGPについては、当該産地内で収穫されたブドウを八五パーセント以上使用し、それ以外のブドウについても同じ国で収穫されたものを使用することが登録の基準となっている。国税庁の表示基準の地名表示ルールは、地理的表示ワインにかかわるものではないが、収穫地の地名表示に要求される「同一の収穫地で収穫されたものを八五パーセント以上」という要件は、EUのIGPの最低基準を参考にして定められたものと見ることもできよう。

日本におけるEUワイン法のもうひとつの影響は、ワインの瓶である。従来、日本国内で製造されたワインの多くに、七二〇ミリリットル瓶、すなわち四合瓶が使われてきた。一般的な清酒と同じ容量である。ハーフボトルも、七二〇ミリリットルの二分の一、つまり三六〇ミリリットルの瓶が広く使われてきた。

しかし、EU法では、すでに述べたように、ワインの瓶詰めにあたって、使用可能な瓶の容量が決まっている。フルボトルは七五〇ミリリットルで、ハーフボトルは三七五ミリリットルでなければならない。日本ワインをEUに輸出する場合には、七二〇ミリリットルや三六〇ミリリットルの瓶を使うことができないのである。なお、この規制は、一〇〇ミリリットル以上、一五〇〇ミリリットル以下の容器が対象なので、一八〇〇ミリリットルの一升瓶ワインは、そのまま輸出することができそうである。

このようなEU法の容量規制は、日本ワインのEU向け輸出が本格化すると、たちまち問題になった。そして、EUへの輸出を進めているワイナリーを中心に、日本でも、七二〇ミリリットルから七五〇ミリリットルの瓶へ、三六〇ミリリットルから三七五ミリリットルの瓶へとボトルの切り替えを行う生産者が相次いだ。こういったところにも、EU法の影響があらわれているのである。

テロワール主義的な考えは世界に広がるか？

二〇一九年六月に大阪で開催されたG20では、各国首脳に日本ワインが振る舞われ、好評であったという。フランスのマクロン大統領も、マンズワインが生産した長野県産の日本ワイン「ソラリス」が気に入ったようで、おかわりまでしたとのニュースが流された。

日本ワインの品質が飛躍的に向上しているのは事実であろうし、新しいワイン法や地理的表示制度のおかげで、高品質ワインとその産地を保護する体制が整いつつある。ワインの産地ブランドを保護しなければならない、という生産者や行政の意識も高まってきた。

日本ワインの品質向上に貢献しているのは、各ワイナリーの若き造り手たちである。かれらは、ワインの本場であるフランスなどに派遣され、そこで醸造技術を習得し、日本に帰国した後、その技術をワイン造りに活かしている。

最近では、カリフォルニアやニュージーランドなど、新世界の生産国に渡る日本人醸造家も少なくないが、伝統あるフランスのワイン造りは今もって、日本のみならず、多くの新興生産国にとっての模範である。いくら新世界ワインが世界のワイン市場を席捲し、日本国内では日本ワインがブームだとはいっても、フランスワインのブランド力は揺らぐことがないように思われる。ブルゴーニュやボルドーの高級ワインの価格は高騰する一方であるし、シャンパーニュも価格上昇が著しい。このようなフランスワインのブランド力は、伝統や品質によって確立されたものではあるが、それを陰で支えてきたのは、やはり「テロワール」を重視するフランスのワイン法であり、とりわけ原産地呼称制度

日本は、EUのほか、タイやベトナムとも地理的表示の相互保護を進めている。写真はタイに輸出された日本のGI産品

だったのではなかろうか。

たしかに、一〇〇年前のワイン法制定時とこんにちとでは、世界のワイン市場は様変わりし、フランスワインの置かれている状況はまったく異なっている。フランスでさえも「セパージュ」主義の潮流が広まり、新世界に刺激を受けたワインが増えていることは本書で指摘したとおりである。しかし、この一〇〇年の間に発展し、定着を見たフランスのワイン法、そしてその核心をなす原産地呼称制度の意義と役割は大きく変わっていない。

むしろ原産地呼称制度は、ワインのみならず、農産物や食品などにまで対象が拡大され、地理的表示制度へと発展。EUレベルでも採用され、さらには、WTOのTRIPS協定により地理的表示の保護が義務づけられたことで、日本をはじめとする多くの国で地理的表示制度が普及している。タイやベトナムといった東南アジアの国々でも次々とGI産品が登録されている。日・EUのEPAのように、二国間・多国間協定を通じて、GIの相互保護を進める動きも活発化しつつある。このようにして、「テロワール」に立脚するフランス的な考え方は確実に世界中に広がっているのである。

注

1 山本博監修『最新ワイン学入門』(河出書房新社、二〇一六年)三一頁。
2 蛯原健介『はじめてのワイン法』(虹有社、二〇一四年)五三頁以下。
3 ロジェ・ディオン(福田育弘ほか訳)『フランスワイン文化史全書』(国書刊行会、二〇〇一年)三九頁。
4 ヒュー・ジョンソン(小林章夫訳)『ワイン物語』(中)(平凡社ライブラリー、二〇〇八年)二二八頁。
5 ロジェ・ディオン　前掲書　五四二頁。
6 ジルベール・ガリエ(八木尚子訳)『ワインの文化史』(筑摩書房、二〇〇四年)一五七頁。
7 ジルベール・ガリエ　前掲書　一六四頁以下。
8 ジルベール・ガリエ　前掲書　一六五頁以下。
9 ジルベール・ガリエ　前掲書　二〇五頁。
10 ヒュー・ジョンソン　前掲書(上)二八四頁。
11 Marcel Lachiver, *Vins, vignes et vignerons : Histoire du vignoble français*, Fayard, 1988, p. 582.
12 ジルベール・ガリエ　前掲書　二〇八頁。
13 ジルベール・ガリエ　前掲書　二一七頁。
14 柳敦「19世紀後半ラングドック地方における葡萄酒販売メカニズム」『追手門経済論集』二九巻三号、一九九四年、一五六頁以下参照。
15 ジャン゠フランソワ・ゴーティエ(八木尚子訳)『ワインの文化史』(白水社文庫クセジュ、一九九八年)一一〇頁。
16 柳敦　前掲論文　一五七頁。
17 ヒュー・ジョンソン　前掲書(下)一五〇頁。
18 野村啓介「近代フランス・ボルドーの商人と地域権力」川分圭子・玉木俊明編著『商業と異文化の接触』(吉田書店、二〇一七年)四八五頁。
19 野村啓介「『1855年格付』制定にみる『ボルドーワイン』ブランド創出の試み」『ヨーロッパ研究』五号、二〇〇五年、一〇八頁。
20 野村啓介　前掲論文　一一六頁。
21 野村啓介　前掲論文　一〇八頁以下。
22 野村啓介　前掲論文　一一二頁参照。
23 ヒュー・ジョンソン　前掲書(下)一六四頁。
24 ヒュー・ジョンソン　前掲書(下)一六三頁。

25 ジャン＝フランソワ・ゴーティエ　前掲書　一一一頁。

26 ジルベール・ガリエ　前掲書　二一〇頁。

27 ジェラール・マルジョン（守谷てるみ訳）『100語でわかるワイン』（白水社文庫クセジュ、二〇一〇年）一二四頁。

28 大塚謙一ほか『新版・ワインの事典』（柴田書店、二〇一〇年）参照。

29 ジルベール・ガリエ　前掲書　二一三頁。

30 ジルベール・ガリエ　前掲書　二一五頁。

31 ヒュー・ジョンソン　前掲書（下）二二八頁。

32 ヒュー・ジョンソン　前掲書（下）二五四頁。

33 ヒュー・ジョンソン　前掲書（下）二三九頁。

34 ヒュー・ジョンソン　前掲書（下）二二七頁。

35 ジルベール・ガリエ　前掲書　二一九頁。

36 ジルベール・ガリエ　前掲書　二一五頁。

37 ジルベール・ガリエ　前掲書　二一九頁。

38 ヒュー・ジョンソン　前掲書（下）二八九頁。

39 ジルベール・ガリエ　前掲書　二四六頁。

40 ジルベール・ガリエ　前掲書　三五七頁。

41 中山俊「1907年の農民運動におけるフランス南部共和派の国民像」『二十世紀研究』八号、二〇〇七年、九八頁。

42 こんにちでは、競争消費不正抑止総局（DGCCRF: Direction Générale de la Concurrence, de la Consommation et de la Répression des Fraudes）へと発展している。

43 安田まり「フランスワインにおける『アペラシオン・ドリジーヌ・コントロレ』の意義の変化」『明治学院大学法律科学研究所年報』二七号、二〇一一年、一〇五頁。

44 安田まり　前掲論文　一〇五頁。

45 Gilles Trimaille, La loi du 6 mai 1919 relative à la protection des appellations d'origine et la difficile définition des « usages locaux, loyaux et constants », in Serge Wolikow et Olivier Jacquet (dir.), *Territoires et terroirs du vin du XVIIIe au XXIe siècles*, Éditions Universitaires de Dijon, 2011, p. 135.

46 ジルベール・ガリエ　前掲書　二三九頁。

47 Gilles Trimaille, *op. cit.*, p. 136.

48 Chambre des députés, 1ère séance du 20 novembre

49 1913. 安田まり 前掲論文 一一二頁。
50 ジルベール・ガリエ 前掲書 三六三頁。
51 ヒュー・ジョンソン 前掲書（下）二九一頁以下。
52 中山俊 前掲論文 九七頁。
53 オリヴィエ・ジャケ（蛯原健介訳）「20世紀初頭のフランスにおけるワインの『典型性』をめぐる議論と原産地呼称」『明治学院大学法学研究』九三号、二〇一二年。
54 安田まり 前掲論文 一一〇頁以下。
55 Gilles Trimaille, *op. cit.*, p. 142.
56 Gilles Trimaille, *op. cit.*, p. 143.
57 安田まり 前掲論文 一一五頁。
58 Joseph Capus, *L'Evolution de la législation sur les appellations d'origine : Genèse des appellations contrôlées*, L. Larmat, 1947.
59 AOC法制定の経緯について、山本博・高橋梯二・蛯原健介『世界のワイン法』（日本評論社、二〇〇九年）七四頁以下（高橋執筆）、高橋梯二「フランス原産地呼称に関する法制度の発展」『のびゆく農業』九八三号、二〇〇九年、参照。
60 例外的に、産地が明確に限定される伝統的名称が通用している場合はAOC表示に代えて用いることができる。「シャンパーニュ」（後にはスペインの「カヴァ」、ポルトガルの「ポート」）などはこれにあたる。
61 Florian Humbert, La naissance du système des AOC, in Serge Wolikow et Olivier Jacquet (dir.), *op. cit.*, p. 330 et s.
62 Marcel Lachiver, *op. cit.*, p. 584.
63 Marcel Lachiver, *op. cit.*, p. 508.
64 セイベルは、育種者セイベルの名を冠した育成種全般をさし、実際の個別種は育種番号を付けた品種名で呼ばれる。日本でも栽培されており、現在、東北や北海道などで、セイベル九一一〇、セイベル一三〇五三を使用したワインが造られている。
65 Marcel Lachiver, *op. cit.*, p. 512.
66 安田まり 前掲論文 一二七頁。
67 安田まり 前掲論文 一三四頁。
安田まり 前掲論文 一三四頁。同「ワイン産地としてのラングドック・ルーション の形成」『明治学院大学法律科学研究所年報』三二号、二〇一六年、一一九頁以下。

68　二〇〇六年時点で、フランスにおいて産出されたヴァン・ド・ペイの六五パーセントがヴァン・ド・ペイ・ドックであった。その生産量は約五〇〇万ヘクトリットル、フランス全体のワイン生産量の一〇パーセント以上を占める。

69　ジルベール・ガリエ　前掲書　四二四頁以下。

70　Andy Smith, Jacques de Maillard et Olivier Costa, *Vin et politique*, Presses de Sciences Po, 2007.

71　補酸は、酒石酸換算で一リットル当たり一・五グラムが上限。

72　Andy Smith et al., *op. cit.*, p. 81.

73　古賀守『優雅なるドイツのワイン』（創芸社、一九九七年）七七頁以下参照。

74　ヒュー・ジョンソン　前掲書（中）一六六頁。

75　Andy Smith et al., *op. cit.*, p. 82.

76　ジルベール・ガリエ　前掲書　四〇六頁。

77　ジルベール・ガリエ　前掲書　四〇六頁。

78　ジルベール・ガリエ　前掲書　四〇七頁。

79　ジョージ・M・テイバー（葉山考太郎・山本侑貴子訳）『パリスの審判』（日経BP社、二〇〇七年）二七〇頁以下。

80　ジョージ・M・テイバー　前掲書　三一六頁以下。

81　ジョージ・M・テイバー　前掲書　三六七頁。

82　ジョージ・M・テイバー　前掲書　三七五頁。

83　ジョージ・M・テイバー　前掲書　三三九頁。

84　Décret n° 2012-655 du 4 mai 2012 relatif à l'étiquetage et à la traçabilité des produits vitivinicoles et à certaines pratiques œnologiques.

85　Decreto Ministeriale Prot. 381 del 19 marzo 2010.

蛯原健介（えびはら・けんすけ）

一九七二年、福岡市に生まれる。中央大学法学部卒業。立命館大学大学院法学研究科博士後期課程修了。博士（法学）。現在、明治学院大学法学部グローバル法学科教授。専攻は公法学、ワイン法。国際ワイン法学会理事、一般社団法人日本ソムリエ協会ソムリエ・ドヌール（名誉ソムリエ）。著書に、『はじめてのワイン法』（虹有社）、『世界のワイン法』（共著、日本評論社）など。

ワイン法

二〇一九年一一月一一日　第一刷発行

著者　蛯原健介（えびはらけんすけ）

発行者　渡瀬昌彦
発行所　株式会社　講談社
東京都文京区音羽二丁目一二―二一　〒一一二―八〇〇一
電話（編集）〇三―三九四五―四九六三
（販売）〇三―五三九五―四四一五
（業務）〇三―五三九五―三六一五

装幀者　奥定泰之
本文データ制作　講談社デジタル製作
本文印刷　信毎書籍印刷株式会社
カバー・表紙印刷　半七写真印刷工業株式会社
製本所　大口製本印刷株式会社

ISBN978-4-06-517905-5　Printed in Japan
N.D.C.328　204p　19cm

講談社選書メチエの再出発に際して

講談社選書メチエの創刊は冷戦終結後まもない一九九四年のことである。長く続いた東西対立の終わりはついに世界に平和をもたらすかに思われたが、その期待はすぐに裏切られた。超大国による新たな戦争、吹き荒れる民族主義の嵐……世界は向かうべき道を見失った。そのような時代の中で、書物のもたらす知識が一人一人の指針となることを願って、本選書は刊行された。

それから二五年、世界はさらに大きく変わった。特に知識をめぐる環境は世界史的な変化をこうむったとすら言える。インターネットによる情報化革命は、知識の徹底的な民主化を推し進めた。誰もがどこでも自由に知識を入手でき、自由に知識を発信できる。それは、冷戦終結後に抱いた期待を裏切られた私たちのもとに差した一条の光明でもあった。

その光明は今も消え去ってはいない。しかし、私たちは同時に、知識の民主化が知識の失墜をも生み出すという逆説を生きている。堅く揺るぎない知識も消費されるだけの不確かな情報に埋もれることを余儀なくされ、不確かな情報が人々の憎悪をかき立てる時代が今、訪れている。

この不確かな時代、不確かさが憎悪を生み出す時代にあって必要なのは、一人一人が堅く揺るぎない知識を得、生きていくための道標を得ることである。

フランス語の「メチエ」という言葉は、人が生きていくために必要とする職、経験によって身につけられる技術を意味する。選書メチエは、読者が磨き上げられた経験のもとに紡ぎ出される思索に触れ、生きるための技術と知識を手に入れる機会を提供することを目指している。万人にそのような機会が提供されたとき初めて、知識は真に民主化され、憎悪を乗り越える平和への道が拓けると私たちは固く信ずる。

この宣言をもって、講談社選書メチエ再出発の辞とするものである。

二〇一九年二月　　野間省伸